电磁环境效应机理智能挖掘

汪连栋　王满喜　李廷鹏　赵宏宇　彭丹华　著

国防工业出版社

·北京·

内 容 简 介

本书介绍了贝叶斯网络在电子信息系统复杂电磁环境效应机理分析研究中的应用。首先介绍了复杂电磁环境效应机理相关概念并阐述了贝叶斯网络应用于效应机理研究的分析框架；然后以典型雷达系统为例，阐述了电磁环境及电磁环境效应特征表征方法，介绍了特征选择方法以及特征空间划分方法；在此基础上分析了融合领域知识的效应机理贝叶斯网络建模方法并阐述了效应预测、环境推理以及敏感性分析等效应机理推理分析方法；最后以典型雷达压制干扰效应机理分析为案例对相关理论研究方法的应用进行了详细介绍。

本书可为电子对抗领域相关技术人员开展电子信息系统电磁环境效应机理分析提供重要参考。

图书在版编目 (CIP) 数据

电磁环境效应机理智能挖掘/汪连栋等著. —北京：
国防工业出版社, 2023. 2
ISBN 978-7-118-12804-8

Ⅰ. ①电…　Ⅱ. ①汪…　Ⅲ. ①电磁环境—环境效应—
研究　Ⅳ. ①X21

中国国家版本馆 CIP 数据核字（2023）第 020563 号

※

国防工业出版社出版发行

（北京市海淀区紫竹院南路 23 号　邮政编码 100048）
北京虎彩文化传播有限公司印刷
新华书店经售

*

开本 710×1000　1/16　彩插 4　印张 9¼　字数 164 千字
2023 年 2 月第 1 版第 1 次印刷　印数 1—1000 册　定价 98.00 元

（本书如有印装错误, 我社负责调换）

国防书店：(010) 88540777　　　书店传真：(010) 88540776
发行业务：(010) 88540717　　　发行传真：(010) 88540762

前言

随着用频装备数量的增加,电磁环境变得越来越复杂,雷达等电子信息系统电磁环境适应能力已经成为影响其效能的重要因素,厘清复杂电磁环境各要素对雷达等电子信息系统的影响过程(开展电磁环境效应机理研究),一方面可为提升电子信息系统的电磁环境适应性提供理论指导,另一方面能使电子对抗手段做到更加有的放矢。

本书依据"象数理"(效应现象后面一定存在数据,数据的变化一定蕴含机理)的内在逻辑,以试验数据为基础,借鉴贝叶斯网络的"持果寻因"思想,同时引入机器学习技术,融合领域知识,形成融合领域知识与机器学习的电子信息系统复杂电磁环境效应机理智能挖掘方法。

全书共6章,第1章介绍了复杂电磁环境效应机理相关概念,指出了效应机理研究中的问题和困难,阐述了贝叶斯网络应用于效应机理研究的数学描述及分析框架;第2章在详细分析雷达面临的典型电磁环境的基础上,针对不同类型的电磁环境提出了表征特征集;第3章分别针对雷达接收前端、信号处理、数据处理等典型环节分析了效应表征方法和表征特征集,介绍了基于深度学习的效应特征自动提取方法,并提出了结合领域知识与机器学习的特征融合方法;第4章介绍了基于改进流形学习的特征选择方法及均匀划分、非均匀划分等效应特征空间划分方法;第5章介绍了融合领域知识的效应机理贝叶斯网络建模方法,提出深度贝叶斯网络的概念,并介绍了建模训练方法,阐述了基于贝叶斯网络的效应预测、环境推理及敏感性分析等效应机理推理分析方法;第6章以典型雷达压制干扰效应机理分析为应用案例对基于贝叶斯网络的效应机理研究方法进行了详细介绍。

本书是作者所在的电子信息系统复杂电磁环境效应国家重点实验室效应机理研究团队多年来的研究成果的初步总结,鉴于问题的复杂性和作者水平所限,对一些问题的阐述可能不够准确、有失偏颇,书中难免存在诸多不足及疏漏,恳请读者批评指正。

在本书的撰写过程中，西北工业大学高晓光团队、国防科技大学王泽龙团队、张思乾团队及西安工业大学邸若海团队等给予了大力支持，在此深表感谢。

编著者

2022 年 10 月于洛阳

目录

第 1 章
绪论

1.1 概述

随着电子信息技术的发展,战场用频装备越来越多,电子对抗日益激烈,使得战场电磁环境变得越来越复杂。电子信息系统在复杂电磁环境下呈现出性能下降、功能失效等适应性问题,为了提高电子信息系统的电磁环境适应能力,迫切需要开展复杂电磁环境效应机理分析,以厘清复杂电磁环境对电子信息系统的影响过程。复杂电磁环境效应涉及的作用要素繁多,所呈现的效应现象表述模糊,其间作用关系错综复杂,且电子信息系统内部结构复杂、特性各异,往往存在电磁环境参数不可准确获取、关键作用因素不能准确确定、未知机理不能及时发现和厘清等现象。厘清复杂电磁环境各要素对信息系统的影响过程:一方面可为提升电子信息系统的电磁环境适应性提供理论指导;另一方面能使电子对抗手段做到更加有的放矢。

目前,电磁环境效应机理研究主要采用理论分析和试验分析。由于电子信息系统结构复杂、信号处理算法多样,在复杂电磁环境下呈现出的效应现象也各不相同,往往无法获得电磁环境的解析表达,仅依靠领域知识进行效应理论分析面临较大困难。试验分析可以针对特定的被试对象和电磁环境进行效应研究,但如果事先无法确定具体的干扰类型和参数,就需要对各种干扰组合进行遍历试验,这将会造成试验次数激增,消耗大量的人力、物力和时间成本。无论是理论分析还是试验分析,其本质都属于由因及果、由作用要素推导出作用结果的正向的思维方式。正向思维是建立在对作用机理完全明晰、条件已知且能做出准确推断的基础上的,而对工作环境(如战场电磁环境)动态变化规律难以预测、各类因素叠加作用机理尚未明晰的情况,正向思维所做出的推断是存在质疑的,而要从根本上破解这一难题,必须突破传统的正向思维模式,采用逆向分析的方法。

贝叶斯网络是一种基于概率论和图论的机器学习方法,既有牢固的数学基础,又有形象直观的语义,不仅具有强大的建模功能,而且具有完美的推理机制,能够通过有效融合先验知识和当前观察值来完成各种查询,是目前不确定知识表示和推理领域中最有效的理论模型之一。贝叶斯网络不仅可以正向建模预测,还可以进行反向推理分析,可用于构建电磁环境与效应关联关系模型,并以此为基础开展效应机理智能挖掘分析研究,既可以挖掘电磁环境各参数与效应特征之间的影响关系,也可以分析造成某效应可能的电磁环境因素。

因此,本书依据"象数理"(效应现象后面一定存在数据,数据的变化一定蕴含机理)的内在逻辑,以试验数据为基础,借鉴贝叶斯网络的"持果寻因"思想,同时引入机器学习技术,融合领域知识,形成融合领域知识与机器学习的电子信息系统复杂电磁环境效应机理智能挖掘方法。

需要说明的是:①本书以雷达系统为主要研究对象进行相关理论方法的介绍,但所介绍的分析方法并不局限于雷达系统,可推广至通信、光电等电子信息系统。②本书只介绍单系统的效应机理推理分析,但基于贝叶斯网络的效应机理智能挖掘方法可推广至体系对抗条件下的效应机理分析挖掘并可发挥重要作用。

1.2 电磁环境效应与效应机理

1.2.1 电磁环境

复杂电磁环境的各种电磁辐射源纷繁多样,既有雷电、静电之类自然电磁危害源,又有雷达、通信、广播、电子对抗等射频源和定向能电磁脉冲武器、高功率微波武器之类的人为电磁危害源。上述辐射源相比于一般野外电磁环境中的辐射源更加多样,而且由于系统控制、工作场景控制及敏感因素各异等因素的制约,使复杂电磁环境的表现特征更加突出,具体来说,复杂电磁环境具有以下 5 个特点。

1) 辐射源构成类型众多,影响各异

随着广播电视、无线通信、民用航空、指挥调度、测控、雷达、制导、声纳等电子信息系统在社会各领域越来越广泛的应用,各种辐射源数量大量增加。同时,随着一体化、网络化程度的逐步提高,电子信息系统的规模越来越庞大,结构越来越复杂,系统间的无线链接越来越多,使得开放空间、局部工作及生活空间中电磁环境变得越来越复杂。

2) 电磁信号种类繁多,形式复杂

在一定的空域、时域、频域上,大量电子信息系统同时集中使用,为了实现不同的工作任务,将导致工作区域内的电磁信号高度密集和不断变化。据不完全统计,目前世界上的通信信号种类多达 100 种以上,雷达也多采用新体制和特殊体制,如相控阵雷达、脉冲多普勒雷达、频率捷变雷达、合成孔径雷达、低截获概率雷达等，使得雷达信号种类繁多且波形复杂。对于机场、大型宾馆、高铁站等社会公共场所，由于内部用频系统的数量大、频率相对集中，在局限的空间中形成的辐射信号密度相当可观，形成电磁环境敏感区。其中以机场尤为突出，由复杂电磁环境产生的对空地通信、导航、雷达、地面通信干扰事件时有发生，严重威胁飞行任务的安全有序。

3）电磁频谱无限宽广，拥挤重叠

频谱是电磁信号在频域的表现形态。一方面由于信息技术的迅猛发展和电子信息系统的大量使用，物理空间上电磁信号所占频谱越来越宽，几乎覆盖了全部电磁信号频段。例如，无线电通信和雷达系统的工作频段已经从极高频（30～300GHz）到至高频（300～3000GHz）。据有关报道，北大西洋公约组织批准使用的军用电磁辐射装备的频带几乎覆盖了全部常用电磁波频段。另一方面，由于大气衰减、电离层反射和吸收等传播因素影响，在实际应用过程中，能够使用的电磁频谱范围是有限的，如毫米波波段的大气传播特性就存在"窗口"。

4）电磁能量密度不均，跌宕起伏

在电磁环境中，由于各种辐射源的随机分布，加上电磁波传播因素的影响，物理空间上的电磁信号能量在有些地方能量集中，可能很强，有些地方能量分散，可能很弱。随着辐射源的运动和辐射能量的改变，电磁环境表现出实时动态变化的特性，相同位置的电磁能量、电磁信号频率可能时刻不同。电磁能量、信号频率等又直接决定着对电子信息系统的影响程度。如在对抗环境中，雷达受到干扰，可能出现断续发现目标的情况；而无线通信受到干扰则可能出现通话时断时续、时好时坏的情况。

5）电磁环境影响具有广泛性和复杂性

随着电磁环境的辐射源数量增加、电子信息系统与电磁环境之间的关联关系复杂化，电磁环境对电子信息系统的影响效应日趋复杂化。在战场电磁环境中，电子对抗正逐步由装备对装备的单体对抗转变为系统对系统的体系对抗，电磁环境也随着装备的使用而产生着剧烈的变化，影响因素越来越多，作用机理越来越复杂，影响层次越来越高，危害效果越来越大。

1.2.2 电磁环境效应

电子信息系统复杂电磁环境效应简称复杂电磁环境效应（complex electromagnetic environment effect，CEMEE），即复杂电磁环境对电子信息系统的影响。"复杂电磁环境效应"这一概念是随着电磁环境的变化而不断演变的，从最初的射频干扰到电磁干扰、电磁兼容，直到现在的复杂电磁环境效应。初期的研究主要从电子设备内部及其设备间的电磁干扰问题展开,研究的目的是确保设备及其元器件正常工作时相互影响在容许的范围内。随着科技的发展,各种电磁辐射体如雷达、通信等辐射源的功率越来越大,数量成倍增加,频谱越来越宽,使得电磁环境趋于复杂和恶化。电磁环境的性质发生了变化,电磁环境对电子信息系统的影响由简单干扰变成了各种综合效应,其危害日益严重,引起了各国的高度重视,使得复杂电磁环境效应成为当前研究热点。

复杂电磁环境效应主要包括能量效应、信息效应、管控效应等形式。

(1)能量效应,即电磁信号利用其电磁能量作用于电子信息系统,对电子信息系统的正常工作产生影响,甚至对电子信息系统造成物理性破坏的"硬损伤",破坏、摧毁电子信息系统,该效应从物理层面影响电子信息系统。目前,有限空间内的辐射源数量的逐步增加,电子信息系统接收到的各种电磁信号功率越来越强,同时随着大功率的干扰源、电磁脉冲武器、高功率微波武器等的使用,电磁信号对电子信息系统产生物理损伤的情况越来越多。

(2)信息效应,即电磁信号对电子信息系统的信息链路环节产生影响,妨碍电子信息系统产生、传输、获取和利用信息,对电子信息系统造成功能性破坏的"软损伤",该效应从信息层面影响电子信息系统。对于"软损伤"而言:一方面,随着信息化技术的发展,电子信息系统网络化、体系化趋势越来越明显,从而呈现出电磁敏感性更强、可能遭受电磁环境影响的环节更多、受复杂电磁环境综合影响的机理更难把握的趋势;另一方面,随着各类电子信息系统应用越来越广泛和有意争夺制电磁权的斗争越来越激烈,复杂电磁环境效应呈现出欺骗、干扰和破坏能力越来越大,针对性和综合性越来越强的趋势,促进了复杂电磁环境效应研究领域的攻防对抗新概念、新原理和新技术不断发展。

(3)管控效应,即利用电磁频谱接入等信息化手段,对电子信息系统(特别是网络化信息系统)的控制协议和信息内容等进行探测、识别、欺骗和篡改等操作,实现系统的接管控制和为我所用,即从控制层面影响电子信息系统。管控效应的研究工作目前还处于起步阶段,但是在近年来几次重大国际事件中显现出了它的巨大威力。这表明许多国家已经在这方面进行了探索性研究,并且逐步向实用化方向发展。

若无特殊说明,本书后面章节涉及的"效应"一词均指"信息效应"。

1.2.3 电磁环境效应机理

电磁环境效应机理是指电磁环境对电子信息系统产生影响的内在规律,作为复杂电磁环境效应研究的重要组成部分,电磁环境效应机理分析越来越受到重视。

电磁环境效应机理既是电子信息系统复杂电磁环境对抗性能试验鉴定中构建

等效电磁环境的理论基础,也是装备改型设计时提高电子信息系统电磁环境适应性的重要理论依据,同时可以为智能电子战的策略决策提供理论支持,其示意图如图 1-1 所示。将电磁环境各要素记为 X,电磁环境对电子信息系统的影响(即电磁环境效应)记为 Y,电子信息系统各环节记为 $Z(Z = Z_1, Z_2, \cdots, Z_n)$,电子信息系统电磁环境效应可表示为

$$Y = F(X,Z) \begin{cases} f_1(Z_1) \\ Z_1 = f_2(Z_2) \\ Z_2 = f_3(Z_3) \\ \vdots \\ Z_n = f_n(X) \end{cases} \quad (1-1)$$

电子信息系统电磁环境效应机理研究就是寻找电磁环境 X 与效应 Y 的影响关系 F,电子信息系统一般由多个子系统/模块组成,可将效应机理 F 细分为若干个 $f(f_1, f_2, \cdots, f_n)$ 组成。

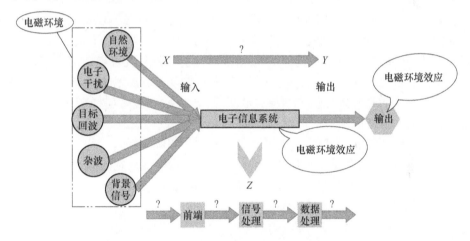

图 1-1　电磁环境效应机理示意图

分析效应机理数学模型不难发现,效应机理研究需要解决以下几个方面的问题。

1) 电磁环境如何描述,即 X 如何表征问题(环境表征)

以雷达系统为例,其面临的电磁环境可分为目标回波、电子干扰、杂波、背景信号、自然环境信号等多类信号,且各类环境信号特性各异。因此,对各类电磁环境信号进行有效地刻画(最好是统一的向量特征组)是进行电磁环境效应机理分析首先要解决的问题。电磁环境表征方法一般分为两类:一类是基于领域知识的表

征,即从信号的时域特征、频域特征、极化域特征、能量域特征等角度进行描述;另一类是通过深度学习等具有特征提取能力的数据挖掘算法对信号特征进行挖掘分析。

2)电磁环境效应如何描述,即 Y 如何表征(效应表征)

电磁环境效应按照效应的层次可分为半导体级效应、器件级效应、系统级效应和体系级效应;按照作用机理可分为能量效应、信息效应和管控效应。如何将效应现象量化表征是进行效应机理研究的重要前提。

3)环境和效应的关联关系如何建模,即 F 的获得(机理建模)

机理建模是效应机理研究的核心与关键,是进行效应推理的前提与基础。其主要目的是利用数学模型刻画电磁环境各要素与效应之间的关联关系,其建模途径可以是通过分析电子信息系统内在结构、功能、原理等理论关系构建解析模型,也可以是依据数字仿真、半实物仿真或外场试验获得的数据而学习得到数字模型,还可以是二者的结合。

4)如何进行推理分析,即已知 F 和 Y(或 F 和 X)推理 X(或 Y)(推理分析)

推理分析是效应机理研究的最终目的。推理分析是以环境和效应的关联关系模型为基础,根据模型传递关系,在已知的观测数据前提下推理可能的现象或原因。推理分析可分为前向推理、后向推理和关系推理。前向推理是指已知电磁环境要素各参数,推理分析可能的效应现象;后向推理是指观察到了某种效应现象,推理可能面临的电磁环境;关系推理是指推理分析电磁环境各参数与效应特征以及电子信息系统内在各节点的变化相关性,从而发现效应产生的内在过程和规律。

为进一步明确各概念的区别与关联关系,对电磁环境效应领域中的影响、现象、效应、机理概念明确如下。

(1)影响:复杂电磁环境对电子信息系统的作用或改变。

(2)现象:复杂电磁环境对电子信息系统产生影响的外在表象。

(3)效应:效果与反应,是指复杂电磁环境对电子信息系统产生影响的特定现象,是对一类具有相同特点的现象的归纳总结。

(4)效应特征:用于定量描述电磁环境效应的一组表征量。

(5)效应机理:复杂电磁环境效应产生的内在规律与原理。

1.3 效应机理研究中的问题和困难

1.3.1 输出效应模糊,定量分析难

复杂电磁环境作用于电子信息系统后的输出效应主要有以下几类形式:①对

电子信息系统形成阻塞干扰效果,使其获取信息的能力下降,造成电子信息系统性能下降或者无法使用;②对电子信息系统形成欺骗效果,无法分清真实信号或者虚假信号,无法获得准确信息;③对电子信息系统造成损害,出现各种控制、指挥等错误,甚至无法使用。这些输出效应的表述都是定性的、模糊的,没有统一的标准定义。即使是在对度量精度要求较高的科学试验中,对输出效应的评估也往往注入了很多人为因素或专家经验,定量结果的获取也非常难。

这其中的原因之一是一直以来对电子信息系统的输出效应总是关注于其最后总的效应输出,这是经过电子信息系统多级处理和效应叠加之后的最终结果,特别是在外场直接开展试验而无法获取电子信息系统内部逐级处理的结果时。因此,要对输出效应进行定量分析,就不能仅停留在电子信息系统的最终输出结果上,而是要打开接收机的内部结构,对其各个处理步骤进行逐个采集和定量评价,然后再汇总统一评价。

1.3.2 受体样式多,规律总结难

受体即是当前的研究对象,作为受体的电子信息系统种类不一,功能用途多种多样。按照信息处理阶段可分为信息获取、信息传输、信息处理和分发等,按照学科专业则分为雷达、通信、指控、导航等,按照功能可分为预警探测、情报侦察、精确制导、电子对抗、战场通信、指挥控制等,难以对电子信息系统进行统一的描述和建模;同时,即使是同一类型、同一型号的电子设备,也可能由于生产批次不同、所采用的射频元器件不同而带来不同的受体状态和输出效应,因此,开展效应机理研究对受体的具体分类及分类层次是首先要关注的重要问题。

具体来说,受体的分类和选择需要与所准备开展的研究点或者准备进行规律总结的具体内容或层次有关,受体不一定非得是客观实体的,对于系统下一层次的变量可以采用随机试验设计来遮蔽其影响,对于环节较多的系统,可以分层级为受体逐步进行规律分析。对于外场试验中常见的整机效应测试,对体制相近的受体进行最大公约抽象建模,也不失为一种可行的方法。

1.3.3 历史数据多,有效利用难

效应机理研究和其他研究一样来说,试验数据是基础,其中实验室试验数据一般都会经过精心的试验设计,对机理分析有很好的针对性,便于有效利用。但是,外场试验数据一般由于试验组织难、采集和测量手段不齐备、试验记录不详尽,或者是非专门开展而是采用搭车的形式开展等,使数据的有效利用难度很大。另外,对其他部门所积累的历史数据的有效利用也是一大问题,由于试验目的不同,对数

据的需求也不同,一般来说只能获取处理后的数据而拿不到原始数据,而且目前并没有对数据存储标准进行统一,因此经常出现看似动辄积累了几十太字节(TB)数据,然而实际上并没有什么利用价值的现象。

值得指出的是,相比实验室的试验数据而言,外场试验数据对于效应机理研究的突破性更为重要。这是因为外场试验获得输出效应是各种混叠因素的综合效应,其中既包含混杂因子也包含未知因素的作用。对外场试验结果进行试验现象分析,如果能够通过科学的方法排除混杂因子的影响,则更易于从输出效应研究中发现问题、发现未知因素甚至是新的作用机理,因而具有更高的研究价值。

1.3.4 相关关系易寻,因果关系难证

电磁环境效应机理研究本质上是一种科学发现过程,需要发现因素和效应之间的因果联系。然而,人类推导的因果联系,总是基于过去的认识,获得"确定性"的机理分解,然后建立新的模型来进行推导。但是,这种过去的经验和常识,也许是不完备的,甚至可能有意无意中忽略了重要的变量,为此科学家们就科学发现方法论也进行了研究。例如,图灵奖得主、关系型数据库的鼻祖吉姆·格雷(Jim Gray)在《第四范式:数据密集型科学发现》中,将科学发现分为4个范式。

(1)第一范式:人类最早的科学研究,主要以记录和描述自然现象为特征,称为"实验科学"。

(2)第二范式:尽量简化实验模型,去掉一些复杂的干扰,只留下关键因素,然后通过演算进行归纳总结,称为"模型推演"。

(3)第三范式:利用计算机来取代实验,对复杂现象通过模拟仿真,推演出越来越多复杂的现象,如模拟核试验、天气预报等,计算机仿真越来越多地取代实验,即"仿真模拟"。

(4)第四范式:数据爆炸性增长,计算机将不仅仅能做模拟仿真,还能进行分析总结,得到理论,即"科学大数据"。

吉姆·格雷认为现在的科学发现方法应该向第四范式发展,即利用计算机(如机器学习)对数据进行挖掘进而寻找关联关系,然后得到理论。当前学术界已经对第四范式的科学发现方法有所尝试,并取得了一定的效果。因此,利用机器学习算法对效应机理试验数据进行关联关系挖掘是一种可行且正在发展的方法。不过需要注意的是,效应机理研究需要的不仅是相关性的关联关系,更需要更加紧密的因果性的关联关系,而如何从相关关系中排除混杂因子萃取得到确证的因果关系,还需要利用因果推断研究等最新成果。

1.4 贝叶斯网络应用于效应机理研究

1.4.1 贝叶斯理论及贝叶斯网络

1. 贝叶斯理论

贝叶斯理论,就是以贝叶斯定理为核心原理,依托概率演算,实现先验概率到后验概率的过渡。贝叶斯定理是由 18 世纪概率论和决策论的早起研究者 Thomas Bayes 发明。贝叶斯理论广泛运用于统计学、经济学、心理学和人工智能等领域,相应的推理模型称为贝叶斯推理。

贝叶斯理论包括两个方面的要点:一是归纳推理和演绎推理的不同之处在于,它是一种不确定性推理,即前提的真并不蕴涵结论的真,它只是对结论提供了某种程度的支持;二是归纳推理的这种不确定性,也就是前提对结论的支持程度可以用概率来衡量。20 世纪初期,贝叶斯定理成为概率归纳推理的主要模式,而把贝叶斯定理看作归纳推理模式的学派被称为贝叶斯学派。众所周知的贝叶斯定理为

$$P(h \mid e) = \frac{P(e \mid h)P(h)}{P(e)} \quad (P(h), P(e) > 0) \tag{1-2}$$

式(1-2)可用于计算证据 e 对假说 h 的确证度。其中, $P(e)$ 表示证据 e 的"似然性程度";而 $P(h)$ 表示假说 h 的先验概率,即在不考察证据 e 的情况下,假说 h 可能为真的概率。可见,只要假说 h 的先验概率确定了,那么整个计算过程就是演绎的。但问题是假说的先验概率的确定并不取决于概率演算系统,而是取决于对"概率"的不同解释。具体来说,根据对先验概率的逻辑解释与主观解释,贝叶斯主义可以细分为逻辑贝叶斯和主观贝叶斯两种类型。与逻辑贝叶斯相比,主观贝叶斯避免了无差别悖论等难题,表现出极大的优越性,进而构成了贝叶斯方法的核心理论基础。

从贝叶斯主义者看来,贝叶斯定理的作用在于,通过一套严密的推理程序,帮助具备理性的人根据新证据来修正他对某个理论假说的信念度。例如,对于贝叶斯定理的另一版本:

$$P(T \mid E) = \frac{P(E \mid T) \times P(T)}{P(E \mid T) \times P(T) + P(E \mid \sim T) \times P(\sim T)} \tag{1-3}$$

如果运用这条定理计算 $P(T \mid E)$,那么我们必须已经掌握了其他几个主观概率的值。

首先是似然性和先验概率。式(1-3)等号右边的分子是 $P(E \mid T) \times P(T)$。似然性 $P(E \mid T)$ 通常是直观明确的,它是理论 T 为真时新证据 E 的概率。以旗杆

和影子为例:首先假设旗杆具有固定长度;然后查看影子的长度。如果我们预设太阳位于特定的角度,并且阳光沿直线传播,那么这个理论假说演绎了影子将具有一个特定的长度。$P(E|T)$ 的概率就是旗杆长度为假设值 1 时,影子将会是预测的长度。在其他情况下,当假说包含统计概率时,我们仍然应当赋予 $P(E|T) < 1$ 的值。在某种意义上,T 的先验概率 $P(T)$ 同样是没有问题的,它不过是表示个人在观测到 E 前对 T 的置信度。这个值可能就是基于多条已有证据计算后验概率时获得的结果,所以随着每条新证据的收集,当前的先验概率完全是下一轮证据汇集后的后验概率。另外,倘若我们不能收集到任意证据时,在这种情况下,$P(T)$ 仅仅可能是关于假说似真性的一个主观判断。

其次是另一个似然性 $P(E|\sim T)$,这是一个非常重要的值,它是对理论 T 不可能为真时证据可信度的评估。诚然,理论为假时,如果证据越有可能发生,那么这个证据对理论的支持就越小。

在贝叶斯推理中,对于先验概率 $P(T)$ 这种可能基于某种纯粹主观判断的观点不能令人信服的。毕竟不同的人可以对某个理论的真实性持有完全不同的预感,而这些不同的主观判断使 $P(T)$ 具有不同的值。但是,贝叶斯主义者认为,这并不是太大的问题,因为存在消除先验的现象。根据贝叶斯定理的公式本身,以及荷兰赌定理、意见收敛定理这两条定理,如果人们对 T 持有完全不同的评估,但是对 $P(E|T)$ 和 $P(E|\sim T)$ 的取值看法一致,那么他们的后验概率将会随着证据的增多而彼此接近。在一个长序列中,即便一开始持有不同猜想推测,但是最终将会达成关于 T 的共识。

因此,贝叶斯方法主张的推理过程实际上的演绎的,其依据的贝叶斯定理形式上是一个条件概率的推导式,类似于演绎逻辑中假言命题式。逻辑学家在演绎推理中关注的是前提到结论的程序的合理性,而非前提的真实性。与此类似,不管是演绎还是归纳的科学推理,我们不应该关注先验概率的合理性,而应该关注由先验概率推导出结论的方式。科学推理好坏与否的标准不是由前提真假,或者先验概率的可接受性决定,而是取决于这些前提或先验概率导出结论的方式。贝叶斯推理按照相关的推理公式和规则,从先验推导至后验概率,合乎逻辑上的合理性,充分凸显了贝叶斯方法的逻辑特征。

2. 贝叶斯网络模型

贝叶斯网络是概率统计与图论结合的产物,在不确定性知识的表达和推理方面具有其独特的优势。贝叶斯网络是图论与概率论的结合,下面给出一些相关的基本定义。

X 和 Y 是有向图 G 中的两个节点,$X \rightarrow Y$ 表示有一条从 X 到 Y 的边,其中 X 称为 Y 的父节点,对应地,Y 称为 X 的子节点。对于任意的节点 X,本书用 $\mathrm{Ch}(X)$ 来表示所有子节点的集合,本书用 $\mathrm{Pa}(X)$ 来表示 X 所有父节点的集合。若 X 没有任何父节点,那么 X 是一个根节点,记 G 的所有根节点集合为 Root(G);若 X 没有任何子节点,那么 X 是一个叶节点,记 G 的所有叶节点集合为 Leaf(G)。

G 中若存在 k 个节点 $X_1, X_2, \cdots, X_k$,对每个 $i = 1, 2, \cdots, k-1$,都有 $X_i \to X_{i+1}$,则称有一条从 X_1 到 X_k 的有向路径,记为 $X_1 \Rightarrow X_k$。对于任意的 $X \Rightarrow Y$,称 X 为 Y 的祖先节点,Y 为 X 的后代节点。同样地 An(X) 表示 X 所有祖先节点的集合,De(X) 表示所有后代节点的集合。若 G 中存在一个节点,它是自己的祖先节点,则该图存在有向环路。若有向图不含有任意的有向环路,则它是一个有向无环图(directed acyclic graph, DAG)。

定义 1-1 贝叶斯网络是一个 2 元组 $\langle G, \boldsymbol{\Theta} \rangle$,其中 $G = (\boldsymbol{V}, \boldsymbol{E})$ 表示贝叫斯网络的结构(图 1-2),是一个 DAG,其中 $\boldsymbol{V} = \{X_1, X_2, \cdots, X_n\}$ 表示一组随机变量,$\boldsymbol{E}$ 是一个有向边集,表示变量间的因果关联的性质。$\boldsymbol{\Theta} = \{P(X_i \mid \text{Pa}(X_i)) : X_i \in \boldsymbol{V}\}$ 是条件概率分布表。

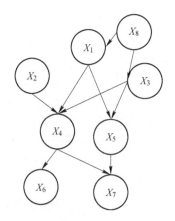

图 1-2   贝叶斯网络模型示意图

上面所给出的定义表明,贝叶斯网络包含定性和定量两部分内容。在定性层面,有向无环图描述变量之间的依赖或独立关系;在定量层面,条件概率分布表示变量之间依赖程度的大小。

定义 1-2(节点序) 一个节点序 O 是指一些变量的线性排列,$X_i < X_j$ 表示 X_i 排在 X_j 的前面。一个节点序 O 是 G 的节点序,当且仅当对于任意的 $\{X_i, X_j\} \subset \text{vari}(O)$,若在 O 中有 $X_i < X_j$,那么 X_j 不能是 X_i 的一个祖先节点。

贝叶斯网络通过引入条件独立性完成了联合概率分布的分解,它将联合概率分布 P 分解为

$$P(X_1, X_2, \cdots, X_n) = \prod_{i=1}^{n} P(X_i \mid \text{Pa}(X_i)) \tag{1-4}$$

贝叶斯网络中的每一个节点都代表一个邻域或者问题变量,它们之间的联系

用有向边表示,通常表示起因的变量指向结果变量。这样就得到各个节点之间的因果关系,采用条件概率表来描述变量之间影响程度的大小。贝叶斯网络在概率推理中,节点变量用来表示具体的事件,进而将节点变量实例化成各种实例,然后将一系列事件或事物的现有状态模型化。依据贝叶斯概率理论,得到节点变量集的联合概率:

$$P(A_1, A_2, A_3, A_4) = P(A_1 \mid A_2, A_3, A_4) P(A_2 \mid A_3, A_4) P(A_3 \mid A_4) P(A_4)$$

$$(1-5)$$

由贝叶斯网络的定义可以看出,贝叶斯网络理论是采用概率理论在网络节点上进行计算的(概率推理),可以由已知的一些节点的概率推理出另外一些节点的概率,这就是贝叶斯网络推理。在推理中,我们更关心的不是条件概率表中的输入概率,而是从给定初始条件概率进而得到各个节点的更新概率,即所谓的概率传播。

1)贝叶斯网络表征概率分布的条件

一个 BN 结构表示某个概率分布应该具备的几个条件。

(1)因果马尔可夫性条件:$G = (V, E)$ 是一个 DAG,P 是基于 G 产生的联合概率分布,$\langle G, P \rangle$ 满足因果马尔可夫条件,当且仅当对每个 $X \in V$,当给出 $\mathrm{Pa}(X)$ 的状态时,X 独立于 $V \backslash (\mathrm{De}(X) \cup \mathrm{Pa}(X))$。

(2)最小因果条件:$G = (V, E)$ 是一个 DAG,P 是基于 G 产生的联合概率分布,$\langle G, P \rangle$ 满足最小因果条件,当且仅当对每个 G 的子图 $H = (V, E')$,$\langle H, P \rangle$ 不满足因果马尔可夫条件。

(3)忠实性条件:$G = (V, E)$ 是一个 DAG,P 是基于 G 产生的联合概率分布,$\langle G, P \rangle$ 满足忠实性条件,当且仅当 P 中的条件独立性关系被 G 表达出来。

满足了上述条件后,多个随机变量的联合分布 $P(X_1, X_2, \cdots, X_n)$ 就可以被贝叶斯网络分解为 n 个条件概率分布的乘积:

$$P(X_1, X_2, \cdots, X_n) = \prod_{i=1}^{n} P(X_i \mid \mathrm{Pa}(X_i)) \qquad (1-6)$$

2)贝叶斯网络中的马尔可夫性

贝叶斯网络简化分布的核心思想是分解计算,联合概率的分布能够分解是基于一些条件独立的性质,这些条件独立性约束被贝叶斯网络的结构 G 表示出来。本节介绍有向无环图是如何表达条件独立性的。

给定变量 X、Y、Z,若存在边 $X \to Y$,则表示事件 X 会直接影响 Y 的发生。另外有向无环图中多变量的三种连接方式:顺连、分连和汇连。$X \to Z \to Y$ 或 $X \leftarrow Z \leftarrow Y$ 称为顺连结构,Z 为顺连节点;$X \leftarrow Z \to Y$ 称为分连结构,Z 为分连节点;$X \to Z \leftarrow Y$ 称为汇连结构,Z 为汇连节点。如图 1-3 所示。

若只存在 X、Y、Z 三个变量,在顺连结构中,给定中间的变量 Z 的状态时,X 和

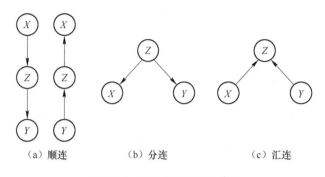

（a）顺连　　　　　　（b）分连　　　　　　（c）汇连

图 1-3　变量间相连的示例

Y 显然相互独立,反之不成立;分连结构与顺连结构同理;在汇连结构中,若给定 Z 的状态,则 X 和 Y 不相互独立,若 Z 的状态未知,则 X 和 Y 相互独立。

定义 1-3　设在一个 BN 结构 G 中,有变量 X、Y 和变量集 Z 且有 X、$Y \notin Z$。若存在一条路径 $X \Leftrightarrow Y$,路径 $X \Leftrightarrow Y$ 被集合 Z 阻塞当且仅当下任意条件成立:

（1）若 $X \Leftrightarrow Y$ 中有一个在集合 Z 中的顺连节点;

（2）若 $X \Leftrightarrow Y$ 中有一个在集合 Z 中的分连接点;

（3）若 $X \Leftrightarrow Y$ 中有一个汇连节点 W,它和它的子孙节点均不在集合 Z 中。

定义 1-4（条件独立）　给定随机变量 X、Y 和集合 Z,当且仅当 X、Y、Z 满足 $P(X,Y \mid Z) = P(X \mid Z)P(Y \mid Z)$ 时,X 和 Y 相互条件独立,此时记 $X \perp Y \mid Z$。

定义 1-5（有向分隔）　一个有向无环图中,若 X、Y 之间的所有路径都被 Z 阻塞,则称 Z 有向分隔 X 和 Y,简称 d-分隔 X 和 Y。

定理 1-1（整体马尔可夫性）　在一个 BN 结构 G 中,有变量 X、Y 和集合 Z 且有 X、$Y \notin Z$。若 Z 有向分隔 X 和 Y,那么 X 和 Y 在给定 Z 的状态时条件独立,即 $X \perp Y \mid Z$。

该定理揭示了图论与概率论的联系,它将图论中的有向分隔和概率论中的条件独立性联系起来,也正因为此,定理 1-1 能够成立。

一个 DAG 可以表示出联合分布的条件独立性关系,但是该条件独立性关系可以被多个 DAG 表示出来,此时称这两个 DAG 是马尔可夫等价的。

定义 1-6（马尔可夫等价性）　两个有向无环图 G_1、G_2 是马尔可夫等价的充要条件是:对每个贝叶斯网络 $Bn_1 = (G_1, \Theta_1)$,都有一个 $Bn_2 = (G_2, \Theta_2)$ 使 Bn_1 和 Bn_2 能够表示相同的联合概率分布。

对于一个分布,所有等价的有向无环图称为一组贝叶斯网络等价类,它们之间有共同的特征并可以统一表示。

定义 1-7（骨架和 V 结构）　设有向无环图 $G = (V, E)$ 且 $\{X, Y, Z\} \subset V$,将 G 中的有向边替换为无向边后得到的图称为 G 的骨架（skeleton）。若存在边 $X \rightarrow Z$

和 $Y \rightarrow Z$ 且 X、Y 之间不存在边,则称 X、Y、Z 在 G 中形成了一个 V 结构。

下面介绍贝叶斯网络中一个非常重要的定理。

定理 1-2(DAG 马尔可夫等价) 两个有向无环图是马尔可夫等价的,当且仅当它们拥有相同的骨架和 V 结构。

给出一个等价类的示例,如图 1-4 所示:

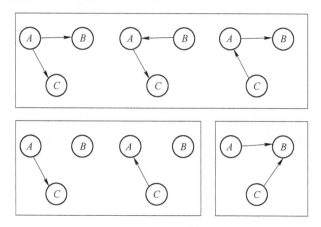

图 1-4 马尔可夫等价类示例

等价的贝叶斯网络结构可以表示相同的分布,每个子图都包含了一个贝叶斯网络等价类,子图中的结构可以表示相同的分布。

由定理 1-2 易得,等价类中的有向无环图都表示成骨架和 V 结构的形式,就能得到一样的结构,这种结构称为完全部分有向无环图。它是贝叶斯网络等价类的表示方式,下面介绍相关定义。

$X \rightarrow Y$ 是有向无环图 G 中的一条边,如果 $X \rightarrow Y$ 在每个与 G 等价的 DAG 中都出现了,那么我们称这条边是确定的,否则这条边是可翻转的。在此基础上,我们引出完全部分有向无环图(CPDAG)的定义。

定义 1-8(完全部分有向无环图) 将一个有向无环图 G 中所有可翻转的边都改为无向边,就得到了一个 G 的完全部分有向无环图。

CPDAG 中存在有向边的情况分为三种:①在原 DAG 中该边形成 V 结构;②该边避免形成环路;③该边避免形成新的 V 结构。

由于一个 CPDAG 可以表示一组贝叶斯网络,因此 CPDAG 的空间中的网络个数会比 DAG 空间中的少。

3. 贝叶斯网络的应用

1985 年,第一次不确定性问题专题会议的召开,标志着不确定性问题被正式确定为人工智能研究领域的一个主要研究问题。同时,利用基于概率论的贝叶斯方法来研究不确定性问题也迎来了春天,此前学界的主流认为,用概率论的方法来处理较大规模不确定性问题是不切实际的,原因是其在计算上太复杂。然而,随着几种概率近似变换方法的出现,特别是贝叶斯网络等概率模型在专家系统和故障诊断等方面的成功应用,基于概率论的贝叶斯方法引起人们的极大重视。

贝叶斯网络的应用,最早的应用之一是奥尔堡大学开发的 MUNIN 专家系统,用于辅助肌电图的诊断,通过对人类神经肌肉系统建模,能够处理多于 1000 个变量之间的关系学习。同期开发的 Hugin 专家系统则通过比较直观和易于使用的界面利用 BN 进行医疗诊断。现今,国外 BN 已在众多领域获得成功应用,如医疗诊断、临床决策、生物信息学、法医学、语音识别、风险分析和可靠性分析等。

在数据挖掘领域,由于贝叶斯网络具有不完全数据处理、因果关系学习、领域知识和样本数据应用等能力,因此,贝叶斯网络具备良好的预测能力,将其应用于数据挖掘中,可以充分挖掘数据的隐含信息和内在本质。目前,贝叶斯网络已经被应用到计算机集成制造的影响参数分析、疾病的病因学和遗传学数据分析、基因表达数据分析等领域中。实践结果表明,贝叶斯网络可以用于分析具有高维高噪性和非线性相关的参数变量分析问题中,有助于提高这类数据的分析效率。

在故障和医疗诊断领域,由于贝叶斯网络可以在建模、分析和决策的过程中吸收和表示各类信息,在一定的网络结构中以节点为单位进行分析和推理,从而能够基于因果关系对各类信息进行融合和利用。因此,贝叶斯网络可以基于故障或医疗诊断相关参数的因果关系,综合利用已知信息进行计算。目前,贝叶斯网络与医学相互融合进而辅助医疗诊断的研究成果不断出现。例如,国外已成功应用的肾脏移植预测性诊断系统以及轻度认知障碍辅助诊断系统等都是基于贝叶斯网络构建的。此外,在故障诊断领域也不断出现与贝叶斯网络相融合的研究成果,例如,基于贝叶斯网络的汽车故障诊断融合系统架构及相应的故障诊断算法,实际应用表明可以为故障诊断提供准确和可靠的决策依据。

1.4.2　贝叶斯网络应用于效应机理研究的数学描述

对电磁环境效应机理的研究是伴随着上述电磁环境效应研究的开展而开展的。国内多家单位在开展电磁兼容、电磁防护和电子对抗的研究中也都分别开展对电磁环境效应机理的研究工作。2012 年 12 月,电子信息系统复杂电磁环境效应国家重点实验室正式成立,该实验室将其第二个研究方向即定位为复杂电磁环境综合效应机理,重点围绕电磁环境要素对电子信息系统的作用机理、电磁环境对电子信息系统的综合作用机理等开展研究工作。目前已对天馈系统和射频前端各部件自身及部件间的无意干扰、信号非线性畸变效应、能量衰减效应以及非线性频能效应等接收前端非线性效应、辐射信号经同轴电缆耦合传输后的畸变情况及其对正常传输工作信号产生影响的线缆通道耦合效应、电子信息系统自适应滤波、信号检测、信号测量等环节受到各类干扰的综合影响的非线性叠加效应等进行了先期系统性研究工作。

目前，国内外学者将贝叶斯网络应用到了多个研究领域，其中与复杂电磁环境效应机理推理领域最接近的是电子信息系统故障诊断领域，这两个领域具有一定的相似性。从信号与系统相互作用的角度看，电子信息系统的电磁环境效应和环境要素的关系与故障和原因的关系具有相似性。将电子信息系统看成是一个复杂的非线性系统，那么电磁环境要素是这个系统的输入，效应是系统的输出，研究人员关心的是在正常工作信号输入之外，出现额外的非期望输入时，系统输出呈现的异常；而故障则是这个复杂的非线性系统本身发生了变化，使得输入信号正常时，系统输出呈现异常，两者的内在机理都是输入信号与系统响应函数发生作用，前者是信号受到了影响，后者是系统响应函数受到了影响。从信号与系统的角度看，系统也是可以看成是一种特殊的信号，从这个意义上看，电子信息系统的电磁环境效应-要素关系与故障-原因的关系是相似的。因此，可以借鉴贝叶斯网络在故障诊断中的应用方式，开展基于贝叶斯网络的复杂电磁环境效应机理推理研究。

对基于贝叶斯网络开展效应机理推理问题的数学描述如下。

（1）在《辞海》中，"效应"定义为在有限环境下，由某种动因或原因所产生的一种特定的科学现象，或一些因素和一些结果而构成的一种因果现象，多用于对一种自然现象和社会现象的描述；而"机理"定义为实现某一特定功能，一定的系统结构中各要素的内在工作方式以及诸要素在一定环境下的相互联系、相互作用的运行规则和原理。因此，对复杂电磁环境效应机理来讲，其定义为在有限的电磁环境的作用下，电子信息系统所表现出来的某种现象的背后的原因及规律。

（2）复杂电磁环境效应机理问题可描述为：假设要素集 X 中各要素单独输入系统中后，系统将以不同的概率产生效应 Y。现在做了一次测试，效应 Y 出现了，此时系统输入要素 X_1（属于集合 X）的概率是多少？该问题的解答可以用经典的贝叶斯公式来表示。如图 1-5 所示，令 E 表示效应 Y 出现这一事件，I 表示要素 X_1 输入这一事件，则后验概率 $P(I|E)$ 就表示当 Y 出现这件事情发生后，输入是 X_1 的概率；似然函数（度）$P(E|I)$ 表示输入要素 X_1 时 Y 出现的概率，这是一个通过正向推理可以得到的概率；先验概率 $P(I)$ 表示从历史经验来看，大多数情况下 X_1 出现的概率，和此次测试无关，从主观贝叶斯方法的角度来看，该概率表示了人们对 X_1 出现这一事件的置信度，一般来讲可以通过学科知识或历史资料来选取，也可以去平均分布的概率。

在已知似然函数（度）$P(E|I)$ 和先验概率 $P(I)$ 后，根据贝叶斯公式可以对 X 中 X_1 等其他要素出现的概率进行排序，从而给出当 Y 出现这件事情发生后输入是 X_1 的可能性。根据贝叶斯理论，经过这次测试和计算，更新了对事件"输入是

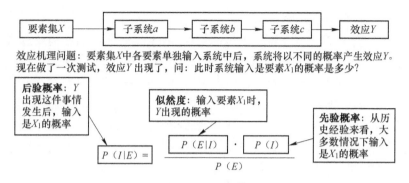

图 1-5　效应机理问题的数学描述

E:事件—效应 Y 出现;I:事件—要素 X_1 为输入

X_1"出现概率的置信度,或者说,更加确信了 X_1 是导致 Y 出现的主要因素。如果再进行一次测试,而且结果仍然是 Y,通过迭代计算,可以逐步提高效应 Y 的触发是源于 X_1 的概率,即收敛性。

需要指出的是,基于贝叶斯方法,只能得到"当 Y 出现这件事情发生后输入是 X_1 的概率较高"这一结论,并不能确证 X_1 即是本次事件发生的原因。因此,效应机理研究还需要通过演绎推理的方法对输入 X_1 导致 Y 生成这一事件进行仿真或测量,来对这一机理的产生过程进行确证。

上面是对简单的"多对一"效应机理研究问题进行了初步的数学描述,对于实际发生复杂电磁环境效应机理研究通常还会涉及"多对多"效应-要素的关系、复杂系统之间的分级、数据的不完备、先验知识获取与表示、时序动态特性等问题,这尚需要在研究中进行充分考虑。

1.4.3　贝叶斯网络应用于效应机理研究需要解决的问题

1. 数据来源与标注

根据上文的分析,贝叶斯网络在理论上很适合被引入到效应机理研究中,但在工程实践中还面临许多困难与挑战:

利用贝叶斯网络来建模和解决效应机理推理问题,需要对贝叶斯网络的结构和参数进行有监督学习和训练。训练数据库主要包括环境要素参数、效应特征参数和效应标签。环境要素之间需要满足独立性原理,效应特征参数和标签需要定量化。另外,还需要对要素的分布先验概率进行设定。目前,这类分布符合要求、标注准确且数量足够的数据集尚不具备,需要针对特定受体进行数据生成。数据生成手段可以包括计算机仿真、实验室试验和外场试验,但要注意保持内外场试验中对受体建模的一致性。

2. 特征选择的风险

贝叶斯网络本身不具备深度学习的架构,不能自动提取特征,需要进行人工特征工程操作,即针对不同的环境要素和每一个环节的输出效应,需人工选择和计算特征值,并进行空间划分。对环境要素特征来说,可以按照时、频、空、能、调制等简单划分,并根据系统天线端口的射频通道参数特性等专家知识来约束其空间划分。对于效应特征则需要根据每一个环节的物理特性、算法特性进行逐一分析,并结合专家知识或算法的取值空间仿真结果进行空间划分。显然,由于专家知识和仿真是基于经验和常识的,因此这些特征的选择一定不是完备的,存在有意或无意中忽略重要变量的风险。要避免这种风险,则需要对贝叶斯网络推理结构进行改变,将贝叶斯网络和深度学习进行融合是一种可以尝试的思路。

3. 效应规律的鲁棒性

首先,效应规律的鲁棒性受限于受体的选择,对不同受体进行的效应机理推理结果显然不具备迁移到其他受体的能力,不过如果受体是根据电子信息系统抽象出来的层次较高的模型,则可以将效应规律推广至下一层次具体的受体效应分析中;其次,效应规律的鲁棒性受数据量的充分程度限制,如何有效地利用不同来源的数据是关键;最后,效应规律的鲁棒性还受限于特征的选择,如前所述特征的选择对效应规律的推理结果至关重要,选择的特征量不同可能会导致不同的规律结果,其鲁棒性也将受到相应的影响。

4. 因果关系的确证

利用贝叶斯网络进行效应机理推理,本质是一种"由果及因"进行概率推理,得到节点之间的相关关系的过程。在得到某类效应的输出和多种要素对其的贡献度之间关联概率之后,如何得到因果关系还需要一步确证,这种确证可以通过"正向确证"的方法来实现,即假设已获知某环境要素和某类效应输出具有很高的关联概率,那么可以以该要素作为输入激励,对电子信息系统的输出效应进行正向推理,确认其是否符合因果关系所应具备的"前提—推论"的逻辑关系。"正向确证"的方法适合用于人工参与的离线分析,如果要利用推理结果进行自动化决策,则应采用基于深度学习的因果推断等方法进行因果关系的自动萃取。

1.5 基于贝叶斯网络的电磁环境效应机理分析框架

基于贝叶斯网络的电子信息系统复杂电磁环境效应机理分析框架如图 1-6 所示,主要步骤如下。

(1) 对雷达系统进行效应模式及其影响分析,梳理其可能出现效应的具体表现形式并对其进行分类。针对具体的效应模式,设计效应数据生成方案(包括电磁环境参数、雷达参数、仿真参数、数据采集节点等),并采集效应数据。

(2)针对采集的效应数据(如中频数据):一方面通过专家知识设计特征集(时域、频域、能量域等);另一方面利用深度神经网络等具有特征学习能力的机器学习算法对效应数据进行自动特征学习,之后对两类特征进行有效融合。为能适应贝叶斯网络建模要求,需要对融合后的特征进行空间离散化处理,得到训练样本和测试样本。

(3)选择合适的结构学习算法对训练样本进行贝叶斯网络结构学习,在此基础上参考专家知识,对不合理的结构进行调整。调整后选择参数学习算法(结合先验约束)对模型进行参数学习,完成后需要利用测试样本对模型精度进行测试,如果不满足要求需要调整效应特征集或者贝叶斯网络训练算法。

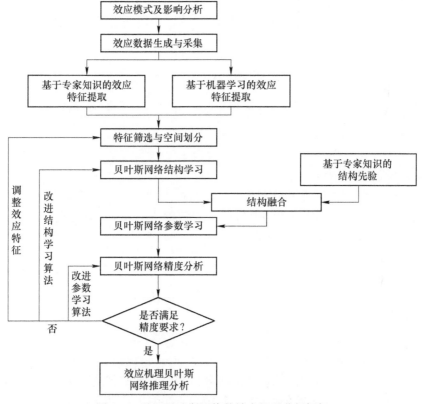

图 1-6　基于贝叶斯网络的效应机理分析框架

(4)利用训练完成的贝叶斯网络对雷达系统的效应进行推理分析,包括正向分析(分析特定干扰参数下雷达的效应模式)、反向推理(依据效应特征推理可能的干扰参数)、关联分析(分析环境参数和效应特征及效应特征之间的影响关系)、敏感性分析(分析各特征之间影响关系的大小)等。

第2章
雷达典型电磁环境及表征方法

雷达系统面临的电磁环境可以分为欺骗干扰、压制干扰、背景信号等。这些环境类型多样,特性各异,描述参数多。本书通过分析各种环境要素的特性,利用敏感度分析方法,正交理论提炼出关键参数,给出了电磁环境要素参数表征集。

2.1 电磁环境信号特性

2.1.1 压制干扰信号特性分析

1. 窄带瞄准式噪声干扰

窄带瞄准式噪声干扰以干扰信号的频率对准雷达信号的频率,以较窄的带宽覆盖雷达信号带宽。以较小的功率达到对目标雷达的压制干扰效果。窄带瞄准式噪声干扰一般满足

$$f_{\mathrm{j}} \approx f_{\mathrm{s}}, \Delta f_{\mathrm{j}} = (2 \sim 5)\Delta f_{\mathrm{r}} \tag{2-1}$$

式中: f_{j} 为干扰信号中心频率; Δf_{j} 为干扰信号频谱宽度; f_{s} 为雷达工作中心频率; Δf_{r} 为接收机带宽。

这种噪声干扰的频率带宽等于或稍大于雷达接收机的带宽。优点是干扰功率不用很大,而且能够集中充分利用,干扰效果好,干扰设备比较轻便。缺点是一部干扰设备在同一时间内只能干扰一部或数部相同频率的雷达。中频为30MHz,带宽为2MHz,窄带瞄准式噪声信号的时频域分析如图2-1所示。由图可以看出,窄带瞄准式噪声干扰可以有效覆盖所需干扰的频率范围。

2. 宽带阻塞式噪声干扰

宽带阻塞式噪声干扰的干扰带宽很宽,可以由数部干扰发射机组成干扰源,各发射机的频带互相衔接,构成一个很宽的总带宽,一般为几十兆赫到数百兆赫。这种干扰可同时压制数个不同工作频率的雷达,但由于干扰频带宽,功率分散,只有

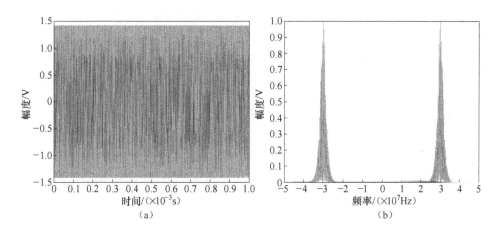

图 2-1 窄带瞄准式噪声干扰时频图

(a)窄带瞄准式干扰的时域图;(b)对应的频域图。

加大干扰功率,才能收到好的干扰效果。宽带阻塞式噪声干扰一般满足

$$\Delta f_{\mathrm{j}} > 5\Delta f_{\mathrm{r}}, f_{\mathrm{s}} \in \left[f_{\mathrm{j}} - \Delta f_{\mathrm{j}}/2, \quad f_{\mathrm{j}} + \Delta f_{\mathrm{j}}/2\right] \tag{2-2}$$

式中:f_{j} 为干扰信号中心频率;Δf_{j} 为干扰信号频谱宽度;f_{s} 为雷达接收机中心频率;Δf_{r} 为接收机带宽。

中频为 30MHz,带宽为 5MHz,宽带阻塞式噪声信号的时频域分析如图 2-2 所示。

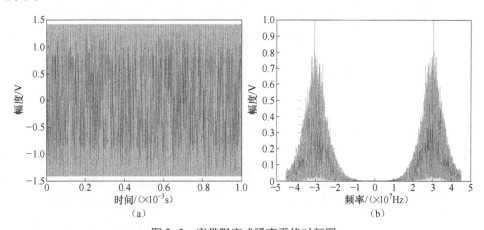

图 2-2 宽带阻塞式噪声干扰时频图

图 2-2(a)所示为噪声信号时域分析结果,图 2-2(b)为噪声信号频域分析结果,从图中可看出,干扰噪声被调制到约 30MHz 中频的位置,干扰信号带宽约为 5MHz,宽带阻塞式噪声干扰可以有效覆盖所需干扰频谱。

3. 扫频式噪声干扰

扫频式噪声干扰是以一定的调谐速度在整个干扰频段内周期性的改变干扰频率,使干扰频段内所有的雷达都能受到高功率的压制。适当选择干扰机的扫频速度,可以使被干扰的雷达接收机的灵敏度在两次干扰作用之间不能完全恢复,或者造成雷达画面闪动。

扫频式噪声干扰一般满足

$$\Delta f_{j} = (2 \sim 5)\Delta f_{r}, \quad f_{j} = f_{s} \cdot t, \quad t \in [0, T] \tag{2-3}$$

式中:f_{j} 为干扰信号中心频率;Δf_{j} 为干扰信号频谱宽度;f_{s} 为扫频速率;Δf_{r} 为接收机带宽。

由式(2-3)知,干扰的中心频率是以 T 为周期的连续时间函数。扫频式噪声干扰可对雷达形成间断的周期性强干扰,扫频的范围较宽,也能够干扰频率分集雷达、频率捷变雷达和多部不同工作频率的雷达。

扫频式噪声干扰分慢速扫频和快速扫频两种:慢速扫频的扫频周期 T_{M} 远大于跟踪系统的建立时间 t_{y};快速扫频的扫频周期 T_{F} 则远小于跟踪系统的建立时间 t_{y}。中频为 30MHz,带宽为 5MHz,扫频式噪声扫频周期为 0.1s,扫频速率为 50MHz/s,对信号的时频域分析如图 2-3 所示。

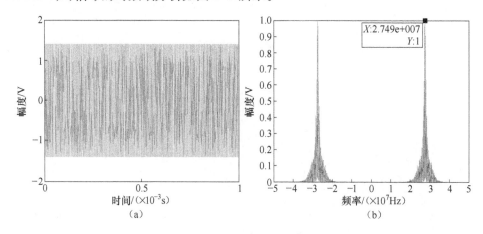

图 2-3　扫频式噪声干扰时频图

从图 2-3(b)可以看出,频域上干扰带宽约为 5MHz,频率为 27.49MHz,调制后干扰信号中心频率随时间的变化关系如图 2-4 所示,不难看出噪声中心频率呈周期性变化,满足扫频式噪声干扰特性。

4. 噪声调频干扰

载波的瞬时频率随噪声调制电压的变化而变化,而振幅保持不变,称为噪声调

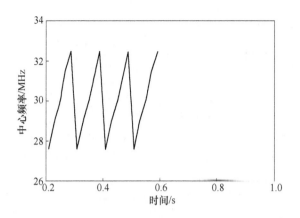

图 2-4　扫频噪声中心频率

频。信号表达为

$$J(t) = U_{\mathrm{j}}\cos\left[\omega_{\mathrm{j}}t + 2\pi K_{\mathrm{FM}}\int_0^t u(t')\mathrm{d}t' + \varphi\right] \tag{2-4}$$

式中：调制噪声 $u(t)$ 为零均值，广义平稳的随机过程；φ 为 $[0,2\pi]$ 均匀分布，且与 $u(t)$ 相互独立的随机变量；U_{j} 为噪声调频信号的幅度；ω_{j} 为噪声调频信号的中心频率；K_{FM} 为调频斜率，表示单位调制信号强度所引起的频率变化。

$J(t)$ 的相关函数写为

$$B_{\mathrm{j}}(\tau) = E[J(t)J(t + \tau)] \tag{2-5}$$

当 $u(t)$ 为高斯过程时 $(u(t) \sim N(0,\delta_n^2))$，$B_{\mathrm{j}}(\tau)$ 可以表示为

$$B_{\mathrm{j}}(\tau) = \frac{U_{\mathrm{j}}^2}{2}\mathrm{e}^{-\frac{\delta^2(\tau)}{2}}\cos(\omega_{\mathrm{j}}\tau) \tag{2-6}$$

式中：$\delta^2(\tau)$ 为调频函数的方差，可定义为

$$\delta^2(\tau) = 4\pi^2 \times 2K_{\mathrm{FM}}^2[B_e(0) - B_e(\pi)] \tag{2-7}$$

式中：$B_e(\tau)$ 为 $e(t) = \int_0^t u(t')\mathrm{d}t'$ 的自相关函数。若 $u(t)$ 具有带限的均匀功率谱，即

$$G_n(f) = \begin{cases} \dfrac{\delta_n^2}{\Delta F_n}, & 0 \leqslant f \leqslant \Delta F_n \\[2mm] 0, & 其他 \end{cases} \tag{2-8}$$

则

$$\delta^2(\tau) = 2m_{\text{fe}}^2 \Delta\Omega_n \int_0^{\Lambda\Omega_n} \frac{1 - \cos(\Omega\tau)}{\Omega^2} \mathrm{d}\Omega \tag{2-9}$$

式中:$\Delta\Omega_n$ 为调制噪声的谱宽, $\Delta\Omega_n = 2\pi\Delta F_n$; m_{fe} 为有效调制指数, $m_{\text{fe}} = K_{\text{FM}}\delta_n/\Delta F_n = f_{\text{de}}/\Delta F_n$; f_{de} 为有效调制带宽。

由 $B_j(\tau) = \dfrac{U_j^2}{2} \mathrm{e}^{-\frac{\delta^2(\tau)}{2}} \cos(\omega_j\tau)$ 可求噪声调频信号物理功率谱:

$$G_j(\omega) = 4 \int_0^{+\infty} B_j(\tau)\cos(\omega\tau)\mathrm{d}\tau \tag{2-10}$$

若有效调制指数 m_{fe} 满足 $m_{\text{fe}} \gg 1$,则

$$G_j(f) = \frac{U_j^2}{2} \frac{1}{\sqrt{2\pi}f_{\text{de}}} \mathrm{e}^{\frac{-(f-f_j)^2}{2f_{\text{de}}^2}} \tag{2-11}$$

于是,得到当 $m_{\text{fe}} \gg 1$ 情况下,噪声调频信号有如下结论。

(1) 噪声调频干扰信号的功率谱密度 $G_j(f)$ 与调制噪声的概率密度 $p_n(u)$ 有线性关系。当调频噪声的概率密度为高斯分布时,噪声调频信号的物理功率谱也是高斯分布,它们之间关系为

$$G_j(f - f_j) = \frac{U_j^2}{2} p_n\left(\frac{f - f_j}{K_{\text{FM}}}\right) \frac{1}{K_{\text{FM}}} \tag{2-12}$$

式中:f_j 为干扰信号中心载频。

(2) 噪声调频信号的功率等于载波功率,即

$$P_j = \int_{-\infty}^{+\infty} G_j(f)\mathrm{d}f = \frac{U_j^2}{2} \tag{2-13}$$

式(2-13)表明噪声调频信号功率与调制噪声功率无关。

(3) 噪声调频信号的干扰带宽(半功率带宽)为

$$\Delta f_j = 2\sqrt{2\ln 2}f_{\text{de}} = 2\sqrt{2\ln 2}K_{\text{FM}}\sigma_n \tag{2-14}$$

式(2-14)表明干扰带宽与调制噪声带宽无关,决定于调制噪声的功率和调频斜率。

噪声调频干扰用以产生频率受到调制的噪声信号。带宽为 2MHz,采样频率为 90MHz,采样时间为 0.001s,调制速率为 1MHz/s,调频噪声干扰图如图 2-5 所示。

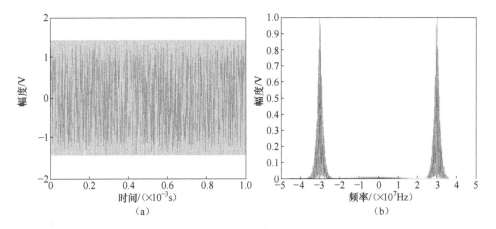

图 2-5　噪声调频干扰时频图

图 2-5(a)所示为时域结果,图 2-5(b)所示为频谱分析结果,干扰噪声被调制到约 30MHz 中频的位置,干扰信号带宽约为 2MHz。

5. 噪声调相干扰

载波的瞬时相位随噪声调制电压的变化而变化,而振幅保持不变,称为噪声调相。信号表达为

$$J(t) = U_j\cos\left[\omega_j t + K_{PM}u(t) + \varphi\right] \tag{2-15}$$

式中:调制噪声 $u(t)$ 为零均值,广义平稳的随机过程;φ 为 $[0,2\pi]$ 均匀分布,且与 $u(t)$ 相互独立的随机变量;ω_j 为噪声调相信号的中心频率;K_{PM} 表示单位调制信号强度所引起的相位变化,K_{PM} 为常数。

$J(t)$ 的相关函数写为 $B_j(\tau) = E[J(t)J(t+\tau)]$,当 $u(t)$ 为高斯过程时 ($u(t) \sim N(0,\delta_n^2)$),$B_j(\tau)$ 可以表示为

$$R_j(\tau) = \frac{U_j^2}{2}\cos\omega_j\tau e^{-\frac{\overline{x^2}}{2}}, \overline{x^2} = 2K_{PM}^2\left[R_n(0) - R_n(\tau)\right] \tag{2-16}$$

式中:$R_n(\tau)$ 为 $u(t)$ 的相关函数,当 $u(t)$ 满足

$$G_n(f) = \begin{cases} \dfrac{\delta_n^2}{\Delta F_n}, & 0 \leqslant f \leqslant \Delta F_n \\ 0, & \text{其他} \end{cases} \tag{2-17}$$

的功率谱时,有

$$R_n(\tau) = \sigma_n^2 \frac{\sin\Delta\Omega_n\tau}{\Delta\Omega_n\tau} \tag{2-18}$$

则

$$R_j(\tau) = \frac{U_j^2}{2}\cos\omega_j\tau e^{-D\left(1-\frac{\sin\Delta\Omega_n\tau}{\Delta\Omega_n\tau}\right)} \quad, D = K_{PM}\sigma_n \tag{2-19}$$

式中:D 为有效相移,调制后的噪声调相信号带宽与 D 的取值有关。

由此可求出噪声调相信号的功率谱为

$$G_j(f) = 4\int_0^\infty R_j(\tau)\cos2\pi f\tau \mathrm{d}\tau$$

$$= U_j^2 e^{-D^2}\left[\int_0^\infty e^{\frac{D^2\sin\Delta\Omega_n\tau}{\Delta\Omega_n\tau}}(\cos2\pi(f-f_j)\tau + \cos2\pi(f+f_j)\tau)\mathrm{d}\tau\right] \tag{2-20}$$

式(2-20)中的第二项衰减较快,可以忽略,则

$$G_j(f) \approx U_j^2\int_0^\infty e^{-D^2\left(1-\frac{\sin\Delta\Omega_n\tau}{\Delta\Omega_n\tau}\right)}(\cos2\pi(f-f_j)\tau\mathrm{d}\tau) \tag{2-21}$$

当 $D \gg 1$ 时,噪声调相信号带宽为

$$B_n = 2\sqrt{2\mathrm{In}2} \cdot \frac{D\Delta F_n}{\sqrt{3}} \tag{2-22}$$

式中:ΔF_n 为调制噪声 $u(t)$ 的噪声带宽;当 $D \ll 1$ 时,噪声调相信号带宽为 $2\Delta F_n$。

噪声调相干扰产生相位受到调制的噪声信号。频率为 30MHz,带宽为 6MHz,采样频率为 90MHz,采样时间为 0.001s,调制速率为 3,噪声调相干扰如图 2-6 所示。

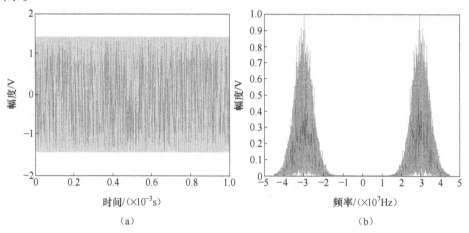

（a）　　　　　　　　　　　　（b）

图 2-6　调相噪声干扰时频图

一方面,从信号的频谱分析结果(图 2-6(b))可以看出,干扰噪声被调制到约 30MHz 中频的位置,干扰信号带宽约为 6MHz。频域上经相位调制后干扰信号随有效相移增大,频谱宽度展宽。

6. 噪声调幅干扰

噪声调幅干扰信号可写为

$$J(t) = [U_0 + U_C(t)] \cdot \cos(\omega_j t + \varphi_C) \tag{2-23}$$

式中：U_0 为载波幅度；$U_C(t)$ 为零均值、在区间 $[-U_0, +\infty)$ 分布的广义平稳随机过程,是调制噪声信号；ω_j 为噪声调幅信号的中心频率；φ_C 为初相。

噪声调幅干扰的波形图如图 2-7 所示。

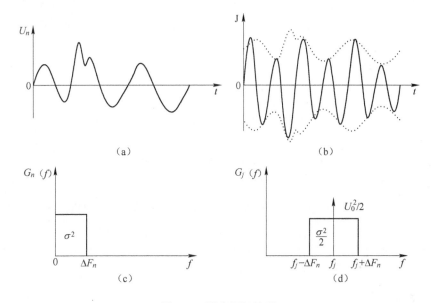

图 2-7　噪声调幅波形

(a)调制噪声波形；(b)已调波波形；(c)调制噪声功率谱；(d)已调波功率谱。

调制前波形是正弦波,频谱为位置在 f_j 的谱线；调制后,带限调制噪声 $U_C(t)$ 的功率谱被搬移到干扰机中心载频处对称的左、右两边。同时,由于直流分量 U_0 的影响,已调波形的物理功率谱可以推导为

$$G_j(f) = \frac{U_0^2}{2}\delta(f - f_j) + \frac{1}{4}G_n(f_j - f) + \frac{1}{4}G_n(f - f_j) \tag{2-24}$$

式中：第一项代表载波功率谱；后两项代表调制噪声功率谱的对称搬移,左、右边带功率之和为旁频功率 P_{sl},其功率为调制噪声功率的 1/2,即

$$P_{sl} = \frac{\delta_n^2}{2} = \frac{P_n}{2} \qquad (2-25)$$

实际上,由于雷达接收机检波器的输出正比于噪声调制信号的包络,起遮盖干扰作用的主要是旁频功率。

定义最大调制系数为

$$m_A = \frac{最大噪声值\ U_{Cmax}}{载波幅度\ U_0} \qquad (2-26)$$

一般当 $m_A > 1$ 时,称为过调制,严重的过调制将烧毁振荡管,因此,一般需要满足条件 $m_A \leqslant 1$。这样造成的一个缺陷是,旁频功率 P_{sl} 仅为载波功率的很小部分,遮盖干扰性能严重下降。一个解决方法是对调制噪声进行限幅,提高旁频功率,常用的限幅方法为双向折线限幅。

限幅后电压 u_2 为

$$\mu_2 = \begin{cases} \mu_C(t), & |\mu_C(t)| < \mu_L \\ -\mu_L, & \mu_C(t) \leqslant -\mu_L \\ \mu_L, & \mu_C(t) \geqslant -\mu_L \end{cases} \qquad (2-27)$$

式中:μ_L 为限幅电平。

显然,限幅将使噪声信号的熵变坏,目标信号幅度位于该电平平顶之上时容易被发现,噪声调制信号的这种平顶现象又称为"天花板"效应。中频为 30MHz,调制噪声带宽为 2MHz,采样频率为 90MHz,采样时间为 0.0001s,调制速率为 3MHz/s,调幅噪声干扰图如图 2-8 所示。

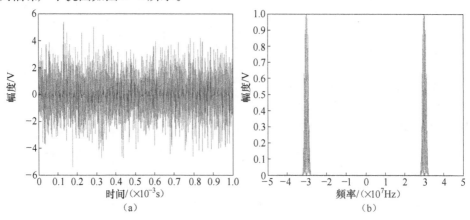

图 2-8　调幅噪声干扰时频图

一方面,从信号的频谱分析结果(图 2-8(b))可以看出,干扰噪声被调制到约 1MHz 中频的位置,干扰信号带宽约为 4MHz,调幅噪声干扰信号带宽为调制噪声带宽的 2 倍。

7. 调幅调频组合调制噪声干扰

噪声调幅调频波兼具有调幅和调频的影响。设调制信号为 $U(t)$,则

$$u(t) = [U_0 + U(t)]\cos\left[\omega_0 t + K_{FM} \int_0^t U(t)\,\mathrm{d}t\right] \qquad (2-28)$$

这时,已调波在载波振荡 U_0 的基础上随着调制电压的规律做幅度的起伏变化,同时其频率也随着调制电压而变化。这种噪声调制干扰由于兼有噪声调幅和噪声调频的影响,使干扰信号的随机性更强,对雷达信号的遮盖性能更好。

组合调制噪声为干扰产生幅度、频率同时受到调制的噪声信号。中频为 30MHz,调制噪声带宽为 2MHz,采样频率为 90MHz,采样时间为 0.001s,调制速率为 400kHz/s,得到组合噪声干扰图如图 2-9 所示。

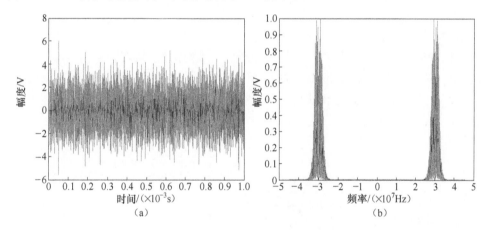

图 2-9 组合噪声干扰时频图

通过对频域结果(图 2-9(b))的分析发现,频域上经幅度、相位组合调制后干扰信号频率中心位于约 30MHz,且满足带宽设定的 2MHz。

8. 梳状谱噪声干扰

梳状谱噪声干扰技术是在(超宽带)雷达工作频段内加入具有梳状频谱的干扰信号,在集中的几个频率点对雷达信号进行强干扰,破坏雷达回波信号与参考信号的相关性,从而使雷达在相关处理中出现更多的旁瓣,在干扰信号达到一定程度时,回波相关处理就无法对目标进行正确的判断。下面采用 J 个正弦波信号的和形成梳状谱噪声干扰信号,其形式为

$$J(t) = \sum_{j=1}^{J} b_j \sin(2\pi f_j t) \qquad (2\text{-}29)$$

在发射信号脉冲确定的情况下,超宽带雷达信号的频谱范围是确定的,即对于有效持续时间为 ΔT 的高斯脉冲而言,其有效频率范围为 $0 \sim 1/\Delta T$,该区间限制了式(2-29)中 f_j 的取值范围。结合目标的回波信号:

$$s_r(t) = \sum_{m=0}^{M-1} s(t - t_0 - t_m)$$

$$= \sum_{m=0}^{M-1} \sigma_m E \sum_{n=0}^{N-1} a_n \exp\{-4\pi \left[(t - t_0 - t_m - nT_D)/\Delta T \right]^2\}$$

$$(2\text{-}30)$$

考虑噪声后,实际接收信号为

$$s_{rj}(t) = s_r(t) + J(t) + N(t) \qquad (2\text{-}31)$$

其中,噪声为零均值高斯白噪声。

梳状谱噪声干扰通过在各个频点处产生窄带调幅噪声形成干扰信号。频率为 20MHz,调制噪声带宽为 20MHz,采样频率为 90MHz,采样时间为 0.001s,脉宽为 0.0001s,点频数为 4,得到梳状谱噪声干扰图如图 2-10 所示。

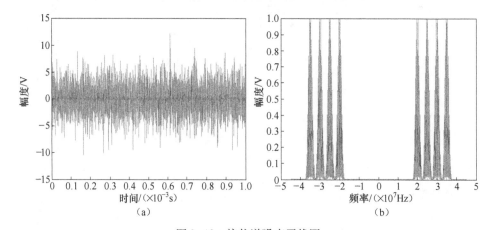

图 2-10　梳状谱噪声干扰图

分析干扰信号频谱图可以发现,所产生的干扰信号在频域上可以看出能够产生 4 个干扰目标频点的梳状谱信号。

9. 多普勒压制干扰

根据接收到的雷达信号,同时转发与目标回波多普勒频率 ω_d 不同的若干个干扰信号(附加多个不同的 $\Delta\omega$),以使雷达的速度跟踪电路可同时检测到多个多普勒频率的存在,并且造成其检测、跟踪的错误。当附加的多普勒频率个数较少时,可以形成欺骗性干扰,当附加的多普勒频率达到一定的数量,就可以形成压制干扰。

多普勒压制干扰通过产生多个具有不同多普勒频率的假目标信号达到压制干扰的效果。频率为 30MHz,带宽为 2MHz,信号样式为线性调频脉冲,采样频率为 90MHz,采样时间为 0.001s,脉宽为 0.0002s,假目标数为 100,多普勒频率为 1MHz,多普勒压制干扰图如图 2-11 所示。

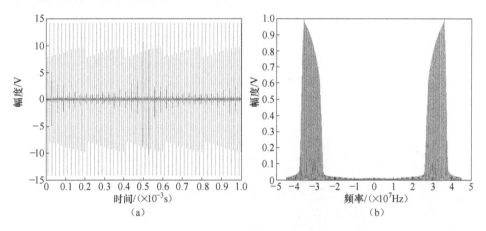

图 2-11　多普勒压制噪声干扰图

时域结果说明该模块能够产生符合要求的干扰信号,频域图显示产生了大量不同频点的干扰信号。

10. 压制性假目标干扰

干扰机在接收到雷达发射信号后,通过储频、调制、放大后重复地发射多个复制的脉冲,可以形成距离假目标,这种有源假目标信号通常是作为欺骗式干扰信号用于自卫式干扰,但当其密集程度足够高时,就会在雷达系统中产生类似噪声压制式干扰的效果,即形成密集有源假目标阻塞式干扰。

压制性假目标干扰一般是通过存储的雷达发射信号进行时延调制和放大转发来实现的。设 R 为真实目标的视在距离,经雷达接收机输出的回波脉冲包络时延为

$$t_r = \frac{2R}{c} \tag{2-32}$$

式中: t_r 为真实目标回波脉冲包络时延; c 为光速。

设 R_f 为假目标的视在距离,则雷达接收机输出的干扰目标回波包络时延为

$$t_{f} = \frac{2R_{f}}{c} \tag{2-33}$$

当满足 $\| R_{f} - R \| > \Delta R (\Delta R$ 是雷达距离分辨单元) 时, 形成距离假目标。通常, t_{f} 由两部分组成:

$$\begin{cases} t_{f} = t_{j0} + \Delta t_{f} \\ t_{j0} = \dfrac{2R_{j}}{c} \end{cases} \tag{2-34}$$

式中: R_{j} 为雷达与干扰机之间的视在距离; t_{j0} 为由雷达与干扰机之间距离引起的电波传输时延; Δt_{f} 为干扰机接收到目标信号后的转发时延。

压制性假目标干扰通过产生大量假目标信号达到压制干扰的效果。频率为 30MHz, 带宽为 2MHz, 信号样式为线性调频脉冲, 采样频率为 90MHz, 采样时间为 0.001s, 脉宽为 0.0002s, 假目标数为 20, 得到压制性假目标噪声干扰图如图 2-12 所示。

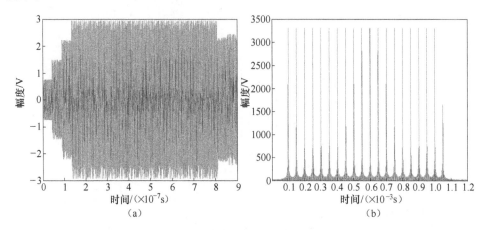

图 2-12　压制性假目标时域及脉冲压缩图

图 2-12(a) 所示为压制性假目标干扰时域图, 图 2-12(b) 所示为干扰信号经匹配滤波后的干扰信号图像, 不难看出, 距离向上出现了 20 个假目标信号。

11. 函数波加噪声调制干扰

在噪声信号上调制一定形式的函数进行发射, 即是函数波加噪声调制信号。函数的选取有多种形式, 合理地选择函数的形式, 可以增加噪声的随机性, 提高干扰的效果。

函数波加噪声调制干扰通过用正弦波调制噪声幅度产生干扰信号。采用余弦函数作为调制, 中频为 30MHz, 带宽为 2MHz, 采样频率为 90MHz, 采样时间为 0.001s, 脉宽为 0.0002s, 假目标个数为 20, 函数波加噪声干扰图如图 2-13 所示。

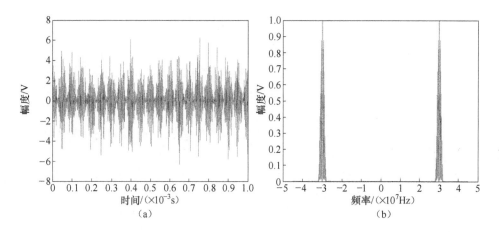

图 2-13　函数波加噪声干扰时频图

图 2-13(a)所示为压制性假目标干扰时域图,由图可知,所产生的干扰信号功率可以被调制到所要求的干扰功率值,且出现 20 个近似目标的包络。图 2-13(b)所示为干扰信号频谱图,不难看出干扰信号中心频率为 30MHz,带宽约为 2MHz。

2.1.2　欺骗干扰信号特性分析

1. 距离波门拖引干扰

距离波门拖引干扰(RGPO)是对脉冲雷达进行距离欺骗的一种主要手段,其假目标距离函数 $R_f(t)$ 可用下式来表述:

$$R_f(t) = \begin{cases} R, & 0 \leqslant t \leqslant t_1, \text{转发期} \\ R + v \cdot (t - t_1) \text{ 或 } R + a \cdot (t - t_1)^2, & t_1 \leqslant t \leqslant t_2, \text{拖引期} \\ \text{停止干扰}, & t_2 \leqslant t \leqslant T_J, \text{停止期} \end{cases}$$

$$(2-35)$$

在自卫干扰条件下,R 也就是目标的所在距离。将式(2-35)转换成为干扰机对收到的雷达照射信号进行转发时延 Δt_f,则距离波门拖引干扰的转发时延为

$$\Delta t_f(t) = \begin{cases} 0, & 0 \leqslant t \leqslant t_1 \\ \dfrac{2v}{c}(t - t_1) \text{ 或 } \dfrac{2a}{c}(t - t_1)^2, & t_1 < t \leqslant t_2 \\ \text{干扰关闭}, & t_2 \leqslant t \leqslant T_J \end{cases} \qquad (2-36)$$

最大拖引距离 R_{max}(或最大转发时延)为

$$R_{max} = \begin{cases} v(t_2 - t_1), & \text{匀速拖引} \\ a(t_2 - t_1)^2, & \text{匀加速拖引} \end{cases} \qquad (2-37)$$

距离波门拖引干扰的具体工作过程:在转发时间段 $[0, t_1]$ 内,假目标与真目标出现的空间和时间近似重合,雷达很容易检测和捕获。由于假目标能量高于真目标,雷达测距重心偏向假目标,这样转入拖引期后,假目标从距离上逐渐偏离真目标,雷达的距离跟踪波门中心也随着假目标的偏移而偏移真目标。然后,假目标突然"消失",雷达跟踪突然中断。

停拖时间段的时间长度对应于雷达检测和捕获目标所需的时间。拖引时间段长度取决于最大拖引距离;关闭时间长度取决于雷达跟踪中断后的滞留和调整时间。

距离波门拖引干扰产生对距离波门进行拖引的干扰信号。频率为20MHz,带宽为2MHz,信号样式为常规脉冲,采样频率为90MHz,采样时间为0.001s,脉宽为0.0002s,停拖时间为0.1s,拖引时间为0.1s,停止时间为0.1s,样本1、2、3分别通过设置采样时间,使干扰信号分别位于转发期、拖引期和停拖期,图2-14中给出了三段时间内干扰机所产生的干扰信号。

首先设置信号到达时间与开始采样时间相同,图2-14(a)所示为拖引转发期发射的干扰信号,从时域图上可以看出与雷达信号相同,且回波信号所在距离门恰为目标所在距离,频谱图中心频率为设定的20MHz;图2-14(b)所示为干扰机处于拖引期内雷达接收机接收到的干扰信号,可以看到干扰信号向后移动约1/2的脉冲宽度,则说明干扰信号频谱仍位于20MHz处;图2-14(c)所示为停拖期,此时干扰机停发干扰信号,因此雷达接收机检测不到信号存在。

2. 速度波门拖引干扰

速度波门拖引干扰用于对雷达测速跟踪系统的干扰,目的是给雷达造成一个虚假或错误的速度信息。这里我们针对的是对脉冲雷达的测速干扰。

速度波门拖引干扰的基本原理:首先转发与目标回波具有相同多普勒频率 f_d 的干扰信号,且干扰信号的能量大于目标回波,雷达的速度跟踪电路能够捕获目标与干扰的多普勒频率 f_d。自动增益控制(AGC)电路按照干扰信号的能量控制雷达接收机的增益,此段时间称为转发期。然后使干扰信号的多普勒频率 f_{d_j} 逐渐与目标回波的多普勒频率 f_d 分离,分离的速度 $v_f(Hz/s)$ 不大于雷达可跟踪目标的最大加速度 a,即

$$v_f \leqslant \frac{2a}{\lambda} \qquad (2-38)$$

由于干扰能量大于目标回波,将使雷达速度跟踪电路跟踪在干扰的多普勒频率 f_{d_j} 上,造成速度信息的错误。此段时间成为拖引期,时间长度 $(t_2 - t_1)$ 按照

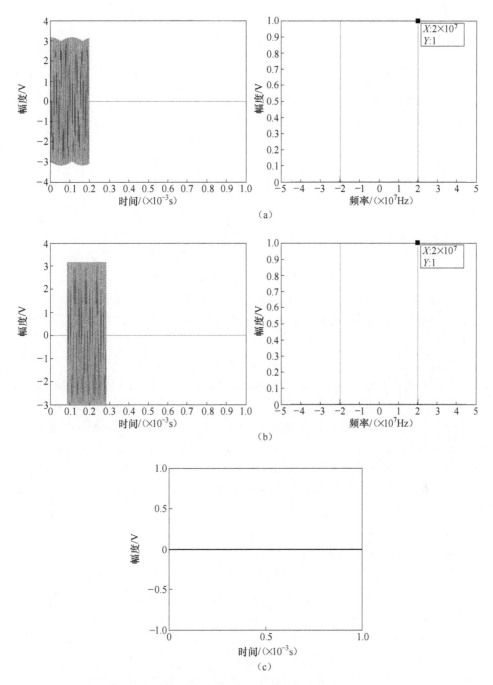

图 2-14　距离波门拖引干扰时频图

（a）拖引转发期干扰信号；（b）拖引期干扰信号；（c）拖引停止期干扰信号。

f_{d_J} 与 f_d 的最大频差 δf_{max} 计算：

$$t_2 - t_1 = \frac{\delta f_{max}}{v_f} \qquad (2\text{-}39)$$

当 f_{d_J} 与 f_d 的频差 $\delta f(\delta f = f_{d_J} - f_d)$ 达到 δf_{max} 后，关闭干扰机。由于被跟踪的信号突然消失，且消失的时间大于雷达速度跟踪电路的等待时间和 AGC 电路的恢复时间，速度跟踪电路将重新转入搜索状态。速度波门拖引干扰信号多普勒频率 f_{d_J} 的变化过程为

$$f_{d_J}(t) = \begin{cases} f_d, & 0 \leqslant t \leqslant t_1 \\ f_d + v_f(t - t_1), & t_1 \leqslant t \leqslant t_2 \\ \text{干扰关闭}, & t_2 < t < T_J \end{cases} \qquad (2\text{-}40)$$

速度波门拖引干扰产生对速度波门进行拖引的干扰信号。设置频率为 20MHz，带宽为 2MHz，信号样式为常规脉冲，采样频率为 90MHz，采样时间为 0.001s，脉宽为 0.0002s，停拖时间为 0.1s，拖引时间为 0.1s，停止时间为 0.1s，拖引速率为 10^9m/s，多普勒频移为 10kHz，样本 1、2、3 分别通过设置采样时间，使干扰信号分别位于转发期、拖引期和停拖期，图 2-15 给出了 3 段时间内干扰机所产生的干扰信号。

速度波门拖引干扰与距离波门拖引干扰相似，不妨设置信号到达时间与开始采样时间相同，图 2-15(a)所示为拖引转发期发射的干扰信号，从时域图上可以看出与雷达信号相同，均为常规脉冲信号，且能够达到所需干扰信号功率，频谱图中心频率约为 20MHz，多普勒频移约为 10kHz，说明转发期干扰机发送干扰信号与设定雷达信号相同；图 2-15(b)所示为干扰机处于拖引期内雷达接收机接收到的干扰信号，从时域图上可以看到干扰信号保持不变，而干扰信号频谱图则说明干扰信号中心频率仍位于 20MHz 处，指示目标速度的多普勒频移则被拖引至 40kHz；图 2-15(c)所示为停拖期，此时干扰机停发干扰信号，因此雷达接收机检测不到信号存在。

3. 距离-速度波门联合拖引干扰

目标的径向速度 v_r 是距离 R 对时间的导数，也是多普勒频移的函数：

$$v_r = \frac{\partial R}{\partial t} = \frac{\lambda f_d}{2} \qquad (2\text{-}41)$$

对于只有距离或速度检测、跟踪能力的雷达，单独采用距离或速度欺骗就可以有效地对雷达进行欺骗。但是，对于具有距离-速度两维信息同时检测、跟踪能力的雷达，只在其某一维信息进行欺骗或者对其两维信息欺骗的参数不一致时，就很可能被雷达识别出假目标，从而达不到预定的干扰效果。

距离-速度波门联合拖引干扰主要用于干扰具有距离-速度两维信息同时检

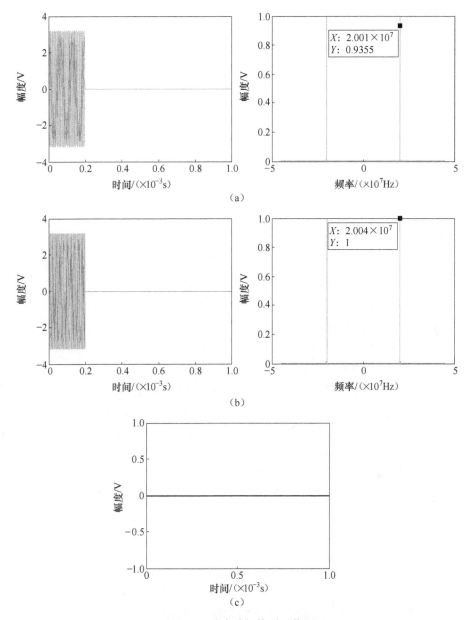

图 2-15　速度波门拖引干扰图

（a）拖引转发期干扰信号；（b）拖引期干扰信号；（c）拖引停止期干扰信号。

测、跟踪能力的雷达（如脉冲多普勒雷达），在进行距离波门拖引干扰的同时，进行速度波门欺骗干扰。在匀速拖距和加速拖距时的距离时延和多普勒频移的调制函数分别如下。

匀速拖距：

$$\Delta t_{r_J}(t) = \begin{cases} 0 \\ v(t-t_1), f_{d_J}(t) = \begin{cases} 0, & 0 \leq t < t_1 \\ -\dfrac{2v}{\lambda}, & t_1 \leq t < t_2 \\ \text{干扰关闭}, & t_2 \leq t < T_J \end{cases} \\ \text{干扰关闭} \end{cases} \qquad (2-42)$$

匀加速拖距：

$$\Delta t_{r_J}(t) = \begin{cases} 0 \\ a(t-t_1)^2/2, f_{d_J}(t) = \begin{cases} 0, & 0 \leq t < t_1 \\ -\dfrac{2a(t-t_1)}{\lambda}, & t_1 \leq t < t_2 \\ \text{干扰关闭}, & t_2 \leq t < T_J \end{cases} \\ \text{干扰关闭} \end{cases} \qquad (2-43)$$

设置频率为20MHz，带宽为2MHz，信号样式为线性调频脉冲，采样频率为90MHz，采样时间为0.001s，脉宽为0.0002s，停拖时间为0.1s，拖引时间为0.1s，停止时间为0.1s，距离拖引系数为1×10^9，速度拖引系数为1×10^6，多普勒频移为10kHz，样本1、2、3分别通过设置采样时间，使干扰信号分别位于转发期、拖引期和停拖期，图2-16给出了3段时间内干扰机所产生的干扰信号。

联合拖引效果为距离门拖引与速度门拖引的叠加效果。图2-16(a)所示为拖引转发期发射的干扰信号，从时域图上可以看出与雷达信号相同，且回波信号所在距离门恰为目标所在距离，右图为信号频谱图，中心频率设定为20MHz，多普勒频移为10kHz；图2-16(b)所示为干扰机处于拖引期内雷达接收机接收到的干扰信号，可以看到干扰信号向后移动约1/2的脉冲宽度，而信号频谱图则说明干扰信号中心频率位于20MHz处，多普勒频移约40kHz；图2-16(c)所示为停拖期，此时干扰机停发干扰信号，因此雷达接收机检测不到信号存在。

4. 距离多假目标干扰

距离多假目标干扰是对脉冲雷达距离测量信息进行欺骗，并通过存储的雷达发射信号进行时延调制和放大转发来实现的。

设 R 为真目标的视在距离，经雷达接收机输出的目标回波脉冲包络时延 $t_r = \dfrac{2R}{C}$，R_f 为假目标的视在距离，则雷达接收机输出的干扰目标回波包络时延 $t_f = \dfrac{2R_f}{C}$，当其满足 $|R_f - R| > \Delta R$（ΔR 为雷达距离分辨单元）时，便形成距离假目标。t_f 由两部分组成：

$$t_f = t_{f0} + \Delta t_f, \quad t_{f0} = \dfrac{2R_J}{C} \qquad (2-44)$$

式中：t_{f0} 为由雷达与干扰机之间距离 R_J 引起的电波传输时延；Δt_f 为干扰机收到雷达信号后的转发时延。在一般情况下，干扰机无法确定 R_J，所以 t_{f0} 是未知的，

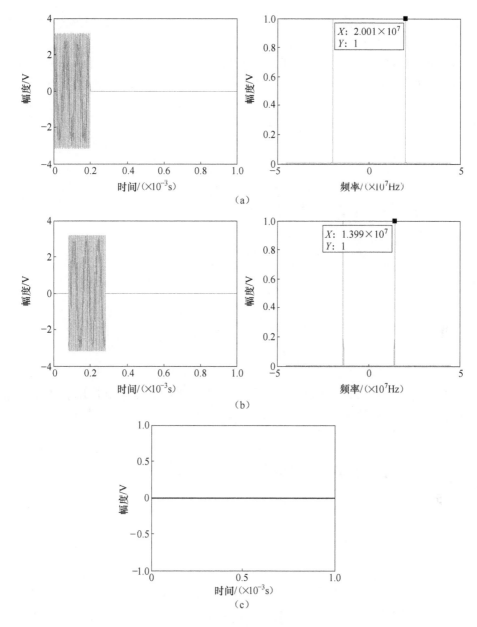

图 2-16 联合拖引干扰图

(a)拖引转发期干扰信号;(b)拖引期干扰信号;(c)拖引停止期干扰信号。

主要控制时延 Δt_f ,这就要求干扰机与被保护的目标之间具有良好的空间配合关系,将假目标的距离设置在合适的位置。因此,假目标干扰多用于目标的自卫干扰,以便同自身目标配合。

以上分析给出了假目标信号参数的确定方法,根据这些参数,模拟多个距离上与真目标不同的回波散射信号,就可以得到多假目标干扰的回波信号模型。

距离多假目标干扰通过产生数个距离假目标信号达到欺骗干扰的效果。设置频率为30MHz,带宽为2MHz,信号样式为线性调频脉冲,采样频率为90MHz,采样时间为0.001s,脉宽为0.0002s,假目标数为6,所产生的多假目标干扰图如图2-17所示。

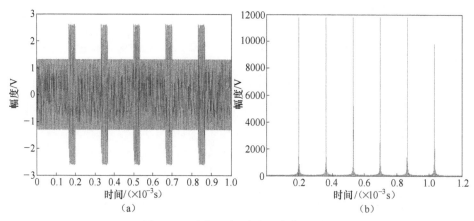

图 2-17　多假目标时域及脉冲压缩图

图2-17(a)所示为匹配滤波前的干扰信号的时域图,图2-17(b)则给出了雷达接收机接收干扰信号后经匹配滤波得到的输出结果,从图中不难看出存在6个距离向上假目标。

2.1.3　杂波信号特性分析

1. 杂波幅度分布

雷达杂波为一复信号,可表示为

$$X(t) = x_i(t) + \mathrm{j}x_q(t) = A(t)\exp\left[\mathrm{j}\theta(t)\right] \tag{2-45}$$

式中:$x_i(t)$ 和 $x_q(t)$ 分别为杂波信号的同相分量和正交分量;$A(t)$ 为杂波幅度;$\theta(t)$ 为杂波相位。

杂波的幅度特性主要由 $A(t)$ 的概率密度函数来描述,杂波的相关特性可由杂波序列的自相关函数或杂波谱来进行表征。时间维杂波幅度概率密度函数反映的是某一个固定距离单元杂波幅度随时间变化的特性;空间维杂波幅度概率密度函数反映的是某一个固定时间多个距离单元杂波幅度的分布特性。常用的杂波幅度概率密度函数包括瑞利分布、对数正态(log grithmic normal)分布、威布尔(Weibull)分布、K分布等。

1）瑞利分布

对于早期的雷达系统,雷达分辨率较低,雷达杂波被认为是由大量近似相等的独立单元散射体的回波相互叠加得到的。根据中心极限定理,杂波实部或虚部服从高斯分布。杂波幅度服从瑞利分布。杂波幅度概率密度函数可表示为

$$f(x\mid b) = \frac{x}{b^2}\exp\left(-\frac{x^2}{2b^2}\right), \quad x \geqslant 0 \tag{2-46}$$

式中:b 为瑞利分布关键参数。

杂波幅度的均值和方差分别为

$$E(x) = b\sqrt{\frac{\pi}{2}} \tag{2-47}$$

$$\mathrm{var}(x) = \frac{(4-\pi)b^2}{2} \tag{2-48}$$

式中:$E(\cdot)$ 表示取数学期望;$\mathrm{var}(\cdot)$ 表示取方差。

若雷达采用线性检波器,则检波后输出电压仍服从瑞利分布;若雷达采用平方律检波器,那么检波后输出电压将服从指数分布,输出电压与杂波功率成正比。输出电压概率密度函数可表示为

$$f(z) = \frac{1}{\overline{P_c}}\exp\left(-\frac{z}{\overline{P_c}}\right) \tag{2-49}$$

式中:$\overline{P_c}$ 为杂波平均功率。

随着雷达分辨率的提高,相邻散射单元的回波在时间和空间上均存在一定的相关性,杂波幅度分布也不再服从瑞利分布。大量实测数据分析结果表明,对于低仰角观测雷达或高分辨率雷达,杂波幅度明显偏离瑞利分布,对数正态分布、韦布尔分布及 K 分布等。非高斯分布能够更加准确地描述某些特定场景下的杂波幅度分布特性。

2）对数正态分布

当分辨单元尺寸和擦地角都较小时,杂波将偏离瑞利分布,拖尾现象较为严重。对数正态分布是较早提出的一类非瑞利杂波模型,它具有两个调制参数。

对数正态分布的概率密度函数为

$$f(x\mid \mu,\sigma) = \frac{1}{\sqrt{2\pi}\sigma x}\exp\left[-\frac{(\ln x - \mu)^2}{2\sigma^2}\right], x \geqslant 0 \tag{2-50}$$

式中:μ 为尺度参数,其值等于 $\ln x$ 的均值,σ 为形状参数,其值为 $\ln x$ 的标准偏差。

对数正态分布的均值和方差分别为

$$E(x) = \exp\left(\mu + \frac{\sigma^2}{2}\right) \tag{2-51}$$

$$\text{var}(x) = \exp(2\mu + 2\sigma^2) - \exp(2\mu + \sigma^2) \qquad (2-52)$$

对数正态分布由两个参数确定,而瑞利分布由一个参数确定,因此,与瑞利分布相比,对数正态分布能够更好地拟合实测数据,但是有时会出现拖尾过拟合的现象。

3) 威布尔分布

威布尔分布也具有两个控制参数,它可以拟合处于瑞利分布和对数正态分布之间的杂波测量数据,早已用于描述地杂波、海杂波幅度分布。威布尔分布的概率密度函数可表示为

$$f(x) = \frac{p}{q}\left(\frac{x}{q}\right)^{p-1}\exp\left[-\left(\frac{x}{q}\right)^p\right], x \geqslant 0 \qquad (2-53)$$

式中:q 为尺度参数,$q>0$,p 为形状参数,$p > 0$。$p = 1,2$ 时,威布尔分布分别退化为指数分布和瑞利分布。

威布尔分布的另一种表示形式为

$$f(x \mid a,b) = abx^{b-1}\exp(-ax^b) \quad , \qquad \geqslant 0 \qquad (2-54)$$

式中:$a = q^{-p}$;$b = p$。威布尔分布的均值和方差分别为

$$E(x) = a^{-\frac{1}{b}}\Gamma(1 + b^{-1}) \qquad (2-55)$$

$$\text{var}(x) = a^{-\frac{2}{b}}\left[\Gamma(1 + 2b^{-1}) - \Gamma(1 + b^{-1})\right] \qquad (2-56)$$

4) K 分布

对高分辨雷达低仰角观测下的杂波数据研究表明,K 分布能够较好地拟合实测杂波数据,且 K 分布能够从散射机理上解释杂波的产生机理,因而被广泛采用。K 分布杂波可以理解为一个快速变化的瑞利分布分量被一个慢速变化的 Gamma分量调制。这两个分量具有不同的物理含义,快速分量的发生是由于"被照射的小块的多重杂波特性",而慢速分量被认为"与大海的浪涛结构有关"。K 分布的概率密度函数可表示为

$$f(x) = \frac{2}{a\Gamma(v + 1)}\left(\frac{x}{2a}\right)^{v+1}K_v\left(\frac{x}{a}\right), x \geqslant 0, v > -1, a > 0 \qquad (2-57)$$

式中:$K_v(\cdot)$ 为 v 阶第二类修正贝塞尔函数,a 为杂波尺度参数,a 由杂波强度决定;v 为杂波形状参数,v 与杂波的起伏程度有关,通常情况下,v 的取值范围为 $[0.1, \infty)$,v 越小,杂波起伏越剧烈,$v = \infty$ 时,K 分布即为瑞利分布。

K 分布对应的均值和方差分别为

$$E(x) = \frac{2a\Gamma\left(v + \frac{3}{2}\right)\Gamma\left(\frac{3}{2}\right)}{\Gamma(v + 1)} \qquad (2-58)$$

$$\text{var}(x) = 4a^2\left[v + 1 - \frac{\Gamma^2\left(v + \frac{3}{2}\right)\Gamma^2\left(\frac{3}{2}\right)}{\Gamma^2(v + 1)}\right] \qquad (2-59)$$

对加拿大 McMaster 大学的 IPIX 雷达实测杂波数据进行分析,得到杂波幅度分布拟合效果图如图 2-18 所示。从图 2-18 中可以看出,K 分布与实测杂波数据幅度分布拟合效果最好。

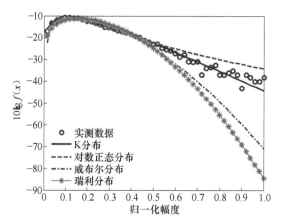

图 2-18　(见彩图)IPIX 雷达杂波数据幅度分布拟合效果图

除对数正态分布、威布尔分布、K 分布等外,也有学者提出用 KK 分布、KA 分布、广义 K 分布和广义 Gamma 分布等非高斯分布来描述杂波幅度分布。

2. 杂波时间相关性

杂波的时间相关性是指同一距离分辨单元内,多个脉冲回波之间的相关性。雷达接收到第 n 个距离单元第 m 个脉冲的杂波复信号为 c_{nm} ,则归一化后的杂波时间相关函数可表示为

$$R_t(k) = \frac{\sum_{m=0}^{M-1} c_{nm} c_{n(m+k)}^*}{\sum_{m=0}^{M-1} c_{nm} c_{nm}^*} \tag{2-60}$$

式中: M 表示一次相干处理间隔内的脉冲数;上标 $*$ 表示取共轭。

杂波自相关函数与杂波功率谱是傅里叶变换对的关系,从滤波器的角度看,用功率谱来表示杂波的相关特性更为直观。通常,杂波功率谱用高斯模型表示:

$$G(f) = G_0 \exp\left[-\frac{(f - f_d)^2}{2\sigma_c^2}\right] \tag{2-61}$$

式中: G_0 为杂波平均功率; f_d 为杂波多普勒频率, $f_d = 2v/\lambda$, v 为雷达与杂波区中心的相对移动速度, λ 为波长; σ_c 为杂波功率谱的标准离差, $\sigma_c = 2\sigma_v/\lambda$, σ_v 为杂波的标准离差。

杂波的相关时间可用功率谱 3dB 带宽对应的相关函数时延来定义。杂波相关时间 τ_c 与杂波功率谱 3dB 带宽 f_{3dB} 成反比关系。Chan H. C. 根据 X、S 波段的

实测数据总结出了估计杂波相关时间的经验公式：

$$\tau = \frac{1}{2f_{3dB}} \tag{2-62}$$

利用加拿大 McMaster 大学 IPIX 雷达观测得到的海杂波,分析得到的不同极化方式下的杂波相关性如图 2-19 所示。在分析过程中,任意选取某一距离单元数据,将该距离单元回波数据分成 512 段,每段包含 256 个采样点,对 7 个距离单元相关系数进行求取,然后进行平均,从而得到最终的杂波平均相关系数。

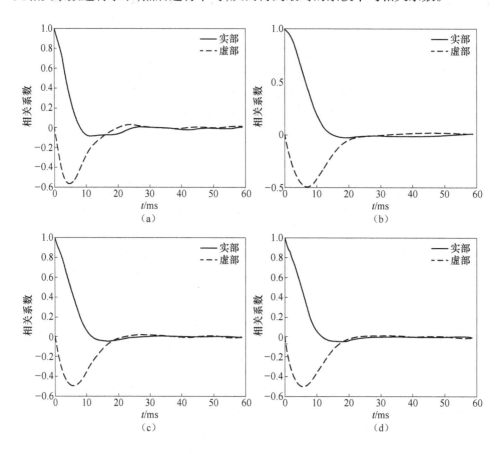

图 2-19 (见彩图)IPIX 雷达杂波各极化通道相关系数
(a)HH 通道;(b)VV 通道;(c)HV 通道;(d)VH 通道。

由图 2-19 可以看出,各极化通道杂波相关性类似,杂波去相关时间为 10~15ms。

对各极化通道相关系数序列做快速傅里叶变换(Fast Fourier transform,FFT)处理,得到各极化通道的杂波功率谱密度如图 2-20 所示。

由图 2-20 可知,不同极化通道杂波多普勒谱宽及偏移量有细微差别,HH 极化

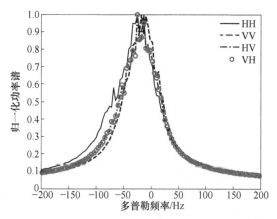

图 2-20 （见彩图）IPIX 雷达各极化通道的杂波功率谱密度

方式下多普勒偏移量大于 VV 极化,HV 与 VH 极化通道杂波多普勒谱几乎重合。

3. 杂波空间相关性

杂波的空间相关性主要指两个距离分辨单元杂波之间的相关性。与杂波时间相关函数类似,归一化的空间相关函数可表示为

$$R_s(k) = \frac{\sum_{n=0}^{N-1} c_{nm} c^*_{(n+k)m}}{\sum_{n=0}^{N-1} c_{nm} c^*_{nm}} \tag{2-63}$$

式中: N 为总的距离分辨单元数。

Watts S 结合实测杂波数据,分析总结出了杂波空间相关距离经验表达式:

$$d_r = \frac{\pi}{2} \cdot \frac{v_w^2}{g} (3\cos^2\theta_w + 1)^{1/2} \tag{2-64}$$

式中: v_w 为风速, g 为重力加速度, θ_w 为风速与雷达视线方向的夹角。由前面的算式可得对应的空间维杂波的相关时间 $t_r = \dfrac{2d_r}{c}$。

杂波空间自相关函数可表示为

$$\gamma(d) = \exp\left(-\frac{d\Delta R}{d_r}\right) \tag{2-65}$$

式中: ΔR 为雷达距离分辨率。

将杂波空间自相关函数变换到时域,则

$$\gamma(t) = \exp\left(-\frac{\Delta R}{t_r}|t|\right) \tag{2-66}$$

对式(2-66)进行傅里叶变换,可得空间维杂波功率谱为

$$G_s(\omega) = \frac{2a}{\omega^2 + a^2} \qquad\qquad (2\text{-}67)$$

式中：$a = \dfrac{\Delta R}{t_r}$。

2.1.4 背景信号特性分析

本节主要考虑其他雷达辐射源信号。在现代战争条件下,雷达装备所面临的电磁环境异常复杂,除了敌方有意地压制和欺骗、有源和无源干扰,以及地面、海面和气象因素引起的杂波之外,附近区域内己方或友军的其他雷达辐射源也是影响雷达工作性能和作战能力的重要因素,在视距范围内的雷达辐射源数量就有可能达到几百部甚至上千部。例如美军的尼米兹级航母战斗群,其装备的搜索、警戒、跟踪、制导、火控等不同用途的雷达就多达 20 种型号共百余部。如此数量庞大的雷达辐射源构成了复杂的背景信号环境,其特性可以从以下几个方面来分析。

1) 脉冲密度

脉冲密度是描述背景雷达辐射源电磁环境的重要概念,当前作战条件下,背景电磁环境的脉冲密度最高能够达到每秒百万个的量级。例如,海湾战争中美军通过对战区电子战的电磁信号测试,发现雷达信号环境密度每秒高达 120 万~150 万个脉冲。

2) 频点数

军用作战雷达大部分都采用了捷变频的工作方式,每部雷达的工作频点少则几十个,多则几百个,对于包含几百上千部雷达的作战环境来说,背景雷达辐射源的频点数可以达到几千到几十万的量级,而且变化剧烈,具备伪随机特性。

3) 频谱宽度

背景雷达辐射源通常涵盖搜索、警戒、跟踪、制导、火控等多种用途的装备,其覆盖的频段最低可以到 HF 波段,最高可以到 Ku 波段,这就意味着这个背景雷达辐射源信号的频谱最大可以覆盖将近 20GHz;即便是规模和数量稍小的作战环境,一般雷达辐射源的信号频谱范围也可以达到 10GHz 的量级。

4) 起伏特性

背景雷达辐射源数量众多,在距离、方位、发射机峰值功率、天线指向和增益、脉冲重复频率、系统损耗和大气传播效应等各方面都存在较大差别,导致在该环境下的任意点,其面临的背景信号的时域功率(幅度)随时间存在剧烈起伏,当背景雷达辐射源数量(脉冲密度)达到一定程度以上(典型的如 50 部,每秒 10 万个脉冲),上述起伏特性近似为高斯分布。

5）调制样式

不同用途、功能、体制和工作模式下的雷达辐射源,其脉冲的调制样式也不同。对于拥有大量雷达辐射源的战场环境来说,背景信号的调制样式也是多种多样的,典型的如单频点、线性调频、非线性调频、相位编码、频率编码、相参脉冲串、步进频、类噪声等。

2.1.5 复杂电磁环境要素特性参数

依据对上述 4 种主要电磁环境要素特性的定量分析,可以总结出复杂电磁环境要素的完整特性参数集,具体如表 2-1 所列。

表 2-1 复杂电磁环境要素特性参数集

环境类型	参数名称	说　明
压制干扰	干扰功率	干扰机发射功率
	天线增益	干扰机发射天线增益
	中心频率	干扰信号的中心频率
	扫频速率	扫频式噪声干扰的频率扫描速率
	扫频周期	扫频式噪声干扰的频率扫描周期
	调制斜率	噪声调制干扰的调频、调相斜率
	点数	梳状谱干扰中的谱峰点数、多普勒压制干扰中的多普勒点数
	谱峰位置	梳状谱干扰中的谱峰位置
	多普勒频点	多普勒压制干扰中的多普勒频点位置
	假目标数目	密集多假目标干扰中的假目标数目
	假目标间隔	密集多假目标干扰中的假目标间隔
	调制函数	函数波噪声干扰的调制函数
	极化方式	干扰机天线的极化方式
	干扰带宽	干扰信号的功率谱宽度
欺骗干扰	干扰功率	干扰机发射功率
	天线增益	干扰机发射天线增益
	停拖期时间	距离/速度拖引干扰的停拖期时间间隔
	拖引期时间	距离/速度拖引干扰的拖引期时间间隔
	停止期时间	距离/速度拖引干扰的停止期时间间隔
	拖引速率	距离拖引干扰的时间拖引速率、速度拖引干扰的多普勒拖引速率

环境类型	参数名称	说　明
欺骗干扰	拖引加速度	距离拖引干扰的时间拖引加速度、速度拖引干扰的多普勒拖引加速度
	假目标时延	第一个假目标的转发时延
	假目标数目	距离多假目标欺骗干扰的假目标数目
	假目标间隔	距离多假目标欺骗干扰的假目标间隔
	极化方式	干扰机天线的极化方式
杂波	地形	产生杂波的地形,如高山、平地等
	植被	杂波区域的植被,如森林、草地、水面等
	散射系数	杂波区域单位面积的散射面积
	中心频率	杂波谱的中心频率
	谱宽	杂波功率谱的等效宽度
	幅度分布特性	杂波幅度分布概率密度函数
	时间相关性	同一距离分辨单元内,多个脉冲杂波之间的相关性
	空间相关性	两个距离分辨单元杂波之间的相关性
背景信号	信号功率	背景脉冲信号的平均功率
	脉冲密度	单位时间内的脉冲数目
	频点数	包含的频率点数目
	频谱宽度	背景信号覆盖的频谱范围
	起伏特性	时域功率(幅度)随时间起伏分布特性
	调制样式	背景信号脉冲的脉内调制样式

2.2　电磁环境要素参数提炼

2.2.1　参数提炼基本原理

电磁环境要素表征是在对特定区域各种电磁信号的类型、属性和分布等情况进行定性和定量分析的基础上,选取主要表征参数对电磁环境特性进行描述,构建电磁环境要素样本空间的基向量。

因此,为了分析复杂电磁环境对电子信息系统产生的不同效应影响,以及建立复杂电磁环境要素与电子信息系统复杂电磁环境效应现象之间的量化关系,将复杂电磁环境按照不同信号样式分为背景信号、压制干扰信号、欺骗干扰信号、杂波信号等,并建立包含不同样本的数学模型和参数表征样本集 X,其中的每个样本 X_i 是按照频域、能量域和调制域等构建参数集,建立不同参数下不同取值的数据组合,如图 2-21 所示。

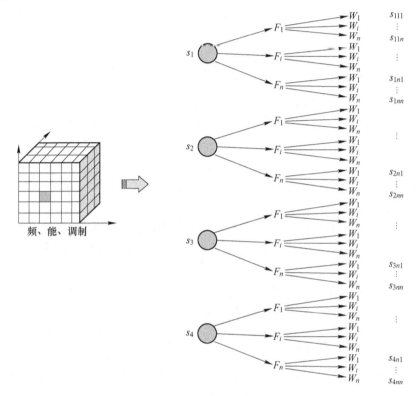

图 2-21　复杂电磁环境要素分类

上述 4 类电磁环境要素参数多样且表述不一,如果用全要素描述,则参数空间维数庞大。参数集示例如表 2-2 所列,参数集大小由要素类型、要素取值区间和取值间隔确定,是乘积关系。例如,假定每种类型环境类型有 10 个参数,每个参数有 100 个取值,考虑不同类型环境要素组合,则最后的样本数为 1.6×10^{81},可见数量庞大,不可能完整考虑所有因素,因此,需要精心设计,尽量减少数据量,否则后续使用非常困难。为此,采用理论推导和仿真分析相结合的手段,基于雷达系统各个环节对电磁环境要素的敏感性分析,筛选出各要素中影响雷达性能的关键因素,从而降低电磁环境要素参数维数。

表 2-2　环境要素参数集示例

环境类型	噪声干扰	欺骗干扰	杂波	背景	取值范围
类型表征	0,1	0,1	0,1	0,1	0001~1111
参数 1	P111~P11J	P121~P12K	P131~P13L	P141~P14M	P111 P121 P131 P141~ P11J P12K P13L P14M
参数 2	P211~P21J	P221~P22K	P231~P23L	P241~P24M	P211 P221 P231 P241~ P21J P22K P23L P24M
⋮	⋮	⋮	⋮	⋮	⋮
参数 n	Pn11~Pn1J	Pn21~Pn2K	Pn31~Pn3L	Pn41~P24M	Pn11 Pn21 Pn31 Pn41~ Pn1J Pn2K Pn3L Pn4M

敏感性分析,也称为灵敏度分析。假设模型表示为 $Z = F(X) = F(x_1, x_2, \cdots, x_N)$,其中 X 代表雷达面临的复杂电磁环境要素,表示复杂电磁环境要素 X 的 N 个不确定性因素,Z 代表雷达系统各个环节的性能/效能。敏感性分析就是令每个因素在可能的取值空间内变动,研究和预测这些属性的变动对雷达系统输出值的影响程度。一般将影响程度的大小称为该因素的敏感性系数。敏感性系数越大,说明该因素对模型输出的影响就越大。敏感性分析的核心目的就是通过对模型的因素分析,得到各因素敏感性系数的大小,寻找出影响输出指标的主要因素。简而言之,敏感性分析就是一种定量描述模型输入变量对输出变量影响重要性程度的方法。

敏感性分析法可分为局部分析法和全局分析法。在局部分析法中,每次只是被研究的输入变量变化(其余变量固定),全局分析法中则是所有的输入变量同时变化,因此可以探索更大输入变量空间,使得分析结果具有更好的稳健性。总体来看,全局敏感性分析方法的适用性强于局部敏感性分析方法,但前者的计算量普遍大于后者,在敏感性分析能力方面前者的分析结果稳定性好,后者在局部范围内准确性高。

全局敏感性分析方法主要包括回归分析法、方差分析法、响应曲面法、图形方法、基于方差法、两样本检验、筛选法等。

方差分析法主要包括单因素方差分析、多因素方差分析、析因试验设计等。该方法的特点是对模型输入是否连续及输入与输出之间的关系形式没有要求,当模型偏离关键假设不大时分析结果仍然稳健,其局限性表现在当参数较多时计算量很大,当模型输出离正态分布相差太大时,分析结果不可靠。在输入变量相关时,分析结果不可靠,需要其他方法进行修正。

响应曲面法是数学方法和统计方法结合的产物,是用来对感兴趣的输入受多个变量影响的问题进行建模和分析的。其核心是响应曲面模型的构建。如前所述,响应曲面法的特点是作为"模型的模型",可以使计算量很大的模型得到简化,从响应曲面模型可以得到敏感性的重要信息,此外还可以利用其他的敏感性分析方法对响应曲面进行分析得到近似分析原模型的效果。

在全局性敏感性分析方法中,方差分析法是效应建模前基于原仿真模型的分析方法,响应曲面法是通过建立的响应曲面模型进行敏感性分析的方法。本书将试验设计、效应建模与敏感性分析相结合,提出两种雷达系统电磁环境要素敏感性方法:基于正交设计的敏感性分析方法和基于效应元模型的敏感性分析方法。

1. 基于正交设计的实战要素敏感性分析方法

目前,雷达敏感性分析广泛采用一种单因素分析法,其基本思想是:对于目标性能的影响因素,根据实际情况给出各影响因素的变化范围,按一定的步长逐步变动这些因素,计算目标性能指标的变化值,比较基本指标值,即可知道各因素对于目标性能指标的敏感程度,从而得到影响目标性能指标的敏感因素。该方法简单易行,但存在明显的局限性,即各因素敏感程度的分析计算是完全独立的,而实际上影响雷达性能的因素很多,它们对雷达性能的影响是交叉、综合存在的,不是简单的代数叠加。显然,在复杂战场电磁环境条件下,上述方法已无法满足雷达敏感性分析需求。

图 2-22 给出了该方法的具体流程,首先在实战要素影响机理理论研究的基础上,筛选出作战环境中对雷达性能有影响的因素;然后在构建的信号级雷达仿真系统基础上,对筛选出的要素进行数学建模和仿真实现,与雷达仿真系统相结合形成对抗仿真试验平台;其次采用正交设计的思想进行仿真试验的设计,并利用对抗仿真平台开展仿真试验,录取仿真结果;最后采用方差分析法对试验结果数据进行统计分析,计算得到各要素的敏感性定量指标。

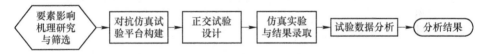

图 2-22 基于正交试验的雷达敏感性分析流程

1) 要素影响机理研究与筛选

要素影响机理研究与因素筛选就是对雷达作战环境中各敏感要素对雷达系统的作用机理进行梳理,找出各要素中与雷达性能有关的因素。记待分析的雷达目标性能指标集为 $\{Z_i, i = 1, 2, \cdots, q\}$,筛选出的对雷达性能有影响的实战要素因素集为 $\{X_i, i = 1, 2, \cdots, m\}$。

2) 理论建模

在构建的信号级雷达仿真系统基础上,对筛选出的要素进行数学建模和仿真实现,与雷达仿真系统相结合形成对抗仿真试验平台,用于进行相干视频对抗仿真试验。

3）正交试验设计

进行正交设计时,对于筛选出的实战要素因素集 $\{X_i, i = 1, 2, \cdots, m\}$,假设每个参数选取 t 个水平,则采用 $L_n(t^m)$ 正交表,在各因素给定水平下,通过正交表 $L_n(t^m)$ 就完全确定了试验方案。

4）仿真试验

严格依据正交表设计的试验方案,设置相应的仿真试验参数,在对抗仿真试验平台上进行蒙特卡罗仿真试验,并记录仿真试验结果。

5）数据分析

分析正交试验结果数据的方法一般有极差分析法和方差分析法两种。前者只能得出各因素对试验指标影响的相对大小,不能确定每个因素对试验指标的影响是否显著及显著性的大小,而后者弥补了这些不足,并且可以区分试验结果的差异是由于各因素的水平变化而导致的,还是由于试验的随机波动而导致的。因此,这里选择后者进行数据分析,具体实现如下。

现用 $L_n(t^m)$ 安排试验方案,设第 i 号试验方案中第 s 个目标指标的仿真试验结果为 $y_i^s(i = 1, 2, \cdots, n; s = 1, 2, \cdots, q)$,且 $y_1^s, y_2^s, \cdots, y_n^s$ 相互独立,服从同方差 σ_s^2 的正态分布,即 $y_i^s \in N(\mu_{is}, \sigma_s^2)(i = 1, 2, \cdots, n)$。对 y_i^s 进行方差分析,即归结为对假设 $H_0: \mu_{1s} = \mu_{2s} = \cdots = \mu_{ns}$ 做显著性检验。

现构造 F 检验的统计量,记

$$T^s = \sum_{i=1}^{n} y_i^s, \bar{y}^s = \frac{T^s}{n}, r = \frac{n}{t} \tag{2-68}$$

$$S_T^s = \sum_{i=1}^{n} (y_i^s - \bar{y}^s)^2, S_j^s = r\sum_{i=1}^{t} \left(\frac{T_{ij}^s}{r} - \bar{y}^s\right)^2 \quad (j = 1, 2, \cdots, m) \tag{2-69}$$

式中: T^s 为第 s 个指标仿真试验结果之和; T_{ij}^s 为正交表的 $L_n(t^m)$ 第 j 列的第 i 水平第 s 个指标的仿真试验结果 y_i 之和; r 为同水平的重复次数; S_T^s 为第 s 个指标全部试验结果之间的差异程度,称为第 s 个指标总变差平方和; S_j^s 为正交表 $L_n(t^m)$ 上第 j 列所排因素的不同水平之间第 s 个指标仿真试验结果的差异程度,称为第 j 列第 s 个指标变差平方和。

由式(2-68)、式(2-69)可得

$$\begin{cases} S_T^s = r\sum_{i=1}^{n} (y_i^s)^2 - \dfrac{(T^s)^2}{n} \\ S_j^s = \dfrac{1}{r}\sum_{i=1}^{t} (T_{ij}^s)^2 - \dfrac{(T^s)^2}{n}, j = 1, 2, \cdots, m \end{cases} \tag{2-70}$$

以 f_T^s、f_j^s 分别表示 S_T^s、S_j^s 的自由度,则:

$$f_T^s = n - 1, \quad f_j^s = t - 1 \tag{2-71}$$

对于正交表 $L_n(t^m)$ 安排计算,若某列未排因素(称为空列),则该列的列变差平方和当作随机误差平方和。将所有的空列的列变差平方和相加,记为 S_e,对应的自由度也相加,记为 f_e;若没有空白列,则需做重复试验,或者选择偏差平方和中最小者做近似估计。于是构造出统计量为

$$F_j^s = \frac{S_j^s/f_j^s}{S_e/f_e} \tag{2-72}$$

在 H_0 成立时,$F_j^s \in F(f_j^s, f_e)$,$(j = 1, 2, \cdots, m)$。于是,对于给定的显著性水平 α,当 $F_j^s > F_{1-\alpha}(f_j^s, f_e)$ 时,在检验水平 α 下推断该因素对雷达目标指标 s 作用显著;否则认为不显著。

2. 基于效应元模型的实战要素敏感性分析方法

若设采用响应曲面法构建的某实战要素的效应元模型具有如下形式:

$$Z = F(X) = F(x_1, x_2, \cdots, x_N) = \beta_0 + \sum_{i=1}^{N} \beta_i x_i + \sum_{i=1}^{N-1} \sum_{j=i+1}^{N} \beta_{ij} x_i x_j + o(X) \tag{2-73}$$

式中:$x_1, x_2, \cdots, x_N$ 表示各待分析的实战要素因素;N 代表因素个素;$o(X)$ 为高阶项;β_i 代表因素 x_i 对雷达性能 Z 影响的大小;β_{ij} 代表交互作用因素 $x_i x_j$ 对雷达性能 Z 影响的大小,即输出 Z 对该因素的敏感性,同时,系数的正负也反映了影响效应的正负:系数为正,说明能增大指标 Z 的输出;系数为负,则说明将减小指标 Z 的输出。

若不考虑交互项的敏感性,式(2-73)可化简为

$$Z = F(X) = F(x_1, x_2, \cdots, x_N) = \beta_0 + \sum_{i=1}^{N} \beta_i x_i + o(X) \tag{2-74}$$

由式(2-74)可知,采用多项式回归方法建立的效应元模型包含了因素敏感性的重要信息,直接从模型形式上即可得到各实战要素因素的重要信息。

为实现复杂电磁环境要素的量化表征,采用图 2-23 所示的研究思路。

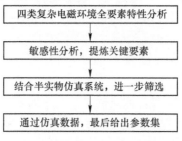

图 2-23　复杂电磁环境要素提取

四类电磁环境要素参数繁多,表述不一,对雷达作用过程影响存在差异。为此首先按类型分析各类电磁环境的全要素特性;然后针对雷达系统各个环节作用过程,基于全局敏感性分析方法提炼出影响雷达性能的关键要素;其次结合实验室半实物系统环境要素的设置方法,进一步筛选参数;最后通过仿真数据,给出量化参数集。

在关键的敏感性分析以提炼关键要素参数环节,采用基于效应元模型的实战要素敏感性分析方法作为理论依据,同时结合各类型要素的实际作用过程和作用机理,从简化分析同时不影响参数选取的角度出发,对方法中的模型进行了进一步简化,逐一对各参数的影响进行了权重分析,筛选出影响权重的少数几个参数。

2.2.2 压制干扰参数提炼

这里主要考虑噪声类压制干扰。压制干扰的干扰机理相对简单,即干扰信号进入雷达接收机之后,抬高等效噪声水平,使雷达检测目标时的广义信噪比(即信干比)显著降低,从而使雷达无法检测出目标,达到压制目标回波信号的效果。很显然,进入雷达接收机的压制干扰信号功率的大小,直接决定了的干扰效果的优劣。

根据干扰方程,进入雷达接收机的干扰功率可以表示为

$$P_{\mathrm{rj}} = \frac{P_{\mathrm{j}} G_{\mathrm{j}} G_{\mathrm{r}} \lambda^2}{(4\pi R_{\mathrm{j}})^2 L_{\mathrm{j}} L_{\mathrm{r}} L_{\mathrm{Atm}}} \cdot \frac{\Delta f_{\mathrm{r}}}{\Delta f_{\mathrm{j}}} \qquad (2-75)$$

式中:P_{j} 为干扰机发射功率;G_{j} 为干扰机天线对雷达方向的增益;G_{r} 为雷达天线对干扰机方向的增益;λ 为雷达工作波长;R_{j} 为雷达与干扰机之间的距离;L_{j} 为发射综合损耗;L_{r} 为接收综合损耗;L_{Atm} 为大气损耗;Δf_{r} 为雷达接收机带宽;Δf_{j} 为干扰信号带宽。

在式(2-75)中,通常干扰机天线波束宽开,或者能够对准雷达方向,因此 G_{j} 变化不大;干扰机的距离是干扰效果的表征,因此不能作为设置参数;雷达天线对干扰机方向的增益只有主瓣进入和副瓣进入之分,不作变化的考虑;其他参数 λ、L_{j}、L_{r}、L_{Atm}、Δf_{r} 等通常变化不大。综上所述,影响进入雷达接收机的干扰信号功率的关键参数主要有两个:一个是干扰机的功率;另一个是干扰信号的带宽。因此初步考虑选取这两个参数作为噪声类压制干扰要素的表征参数。

2.2.3 欺骗干扰参数提炼

这里主要考虑经典的距离多假目标干扰。距离多假目标干扰的作用机理是转发雷达的发射信号,并在雷达接收和处理过程中获得与真实目标回波信号一样的匹配处理增益,从而在距离上形成多个虚假的目标点迹(最终形成航迹)。距离多假目标一般在雷达搜索阶段能够形成效果,因为跟踪阶段雷达设置的距离跟踪波

门通常只有一到两个距离分辨单元的水平,且在跟踪波门内雷达只关心回波的重心,而不关心目标的数量(认为只有一个目标),而搜索阶段雷达在距离上是宽开的,通常为设定的最小距离和最大距离(对应一个最大回波时延),假目标信号容易进入形成效果。

距离多假目标干扰的参数包括干扰功率、假目标间隔、假目标数量等。由于转发的假目标信号与雷达发射信号相关,能够在接收端获得与真目标回波相同的相关处理增益,因此通常干扰功率可以做得较小,不属于干扰效果的主要影响因素。假目标数量是假目标信号转发间隔与时间的函数,而雷达接收信号的最大时延通常由最大关心距离决定。另外假目标之间的密集程度如何,也会决定干扰的效果(若非常密集,则会形成压制效果),因此,假目标间隔是影响干扰效果的关键因素,也可选取其为欺骗干扰要素的表征参数。

2.2.4 杂波参数提炼

杂波信号虽然是散射信号,但是从信号特性角度来说属于类噪声的随机过程,因此对雷达的影响机理本质上还是属于对目标回波信号的压制。雷达系统会采取一系列措施来抑制杂波信号,从而达到从杂波中检测出目标的目的,典型的有动目标指示(MTI)、动目标检测(MTD)或脉冲多普勒(PD)等。当杂波特性变化时,雷达抑制杂波处理环节的性能就会随之变化,直接影响雷达检测目标的性能。因此,杂波表征参数的提炼应主要考虑其对雷达杂波抑制措施的影响。

(1)MTI 处理。MTI 的处理过程可以采用一个积分模型来表征,同时对目标的处理增益和杂波的抑制剩余进行建模。

该方法的基础和前提是对 MTI 滤波器的滤波特性曲线以及杂波的功率谱曲线进行建模。MTI 滤波特性曲线可以由滤波算法直接给出,典型的一次对消和二次对消滤波器幅频特性表达式为

$$| H_1(f) | = | 2\sin(\pi f T_r) | \quad | H_2(f) | = | 4\sin^2(\pi f T_r) | \tag{2-76}$$

设 $W(f) = | H(f) |^2$ 为归一化的 MTI 滤波器的功率响应,f_d 为目标的多普勒频移,$W_c(f)$ 为海杂波的功率谱,P_c 为输入端的杂波功率,则经过 MTI 处理后,杂波剩余功率可以表示为

$$P_c' = \frac{\int_{-\infty}^{+\infty} W_c(f) W(f) \, \mathrm{d}f}{\int_{-\infty}^{+\infty} W_c(f) \, \mathrm{d}f} P_c \tag{2-77}$$

(2)MTD 处理。MTD 是为弥补 MTI 的缺陷,并根据最佳滤波器理论发展起来

的。MTI 对地物杂波的抑制能力有限,为此在 MTI 后串接一个窄带多普勒滤波器组来覆盖整个重复频率的范围,由于杂波和目标的多普勒频移不同,它们将出现在不同的多普勒滤波器的输出端,从而达到从强杂波中检测目标的目的。而且多普勒频率不同对应了不同的窄带滤波器输出,因而 MTD 还可以测出多普勒频移来确定目标的速度。

MTD 的多普勒滤波器组覆盖了 $\left[-\dfrac{f_r}{2}, \dfrac{f_r}{2}\right]$ 的主周期,通常由 FFT 处理实现,此时其中任意一个滤波器的形状都为辛格函数。假设目标所在多普勒滤波器的中心频率为 f_i,滤波器带宽为 f_r/N,则归一化的通道滤波器响应函数可以表示为

$$|H_t(f)| = |\mathrm{Sa}[\pi N T_r(f - f_i)]| \tag{2-78}$$

对于杂波,我们只关心其在目标通道内的剩余功率,这可以采用与 MTI 相同的方式计算,即

$$P'_c = \frac{\int_{-\infty}^{+\infty} W_c(f) |H_t(f)|^2 \mathrm{d}f}{\int_{-\infty}^{+\infty} W_c(f) \mathrm{d}f} P_c \tag{2-79}$$

PD 处理本质上与 MTD 相同,核心都是多普勒滤波器组,这里不再重复。

由上述处理模型可以看出,无论是哪种杂波抑制处理措施,处理的性能(杂波剩余)都与杂波的功率谱特性和处理器的响应特性密切相关。当后者一定时,杂波功率谱相对于处理器响应特性曲线的相对位置关系就成为影响处理性能的关键,而表征杂波功率谱特性的参数主要为中心频率和谱宽,因此初步选定这两个参数为杂波的表征参数。

2.2.5　背景信号参数提炼

以其他雷达辐射源为主的背景信号对特定雷达系统的影响主要是雷达辐射源的发射大功率进入雷达接收机之后,由于其超出雷达接收机的动态范围(主要是最大输入信号功率范围),从而对雷达接收机形成饱和、过载甚至毁坏作用。显然,背景辐射源信号对雷达的作用效果主要是由其功率决定的,可作为背景信号的关键表征参数。

2.2.6　电磁环境要素参数表征集

通过上述分析,并结合实际应用,最终得到表 2-3 所列的电磁环境要素参数表征集。

表 2-3　电磁环境要素参数表征集

环境类型	参数名称
压制干扰	压制干扰功率(dBm)
	压制干扰带宽(MHz)
欺骗干扰	欺骗干扰假目标间隔(μs)
杂波	杂波多普勒谱宽(Hz)
	杂波中心频率(MHz)
背景信号	背景信号功率(dBm)

2.3　小结

电磁环境表征与效应表征是基于数据开展电磁环境效应机理智能挖掘的前提和基础,表征特征选择是否恰当直接影响后续的效应机理建模与推理分析。本章以雷达系统面临的典型电磁环境为分析对象,分别从压制干扰、欺骗干扰、杂波及背景等角度详细分析了环境信号特征,介绍了基于正交试验设计、效应元模型的环境要素参数的提炼方法,最后给出了电磁环境要素参数表征特征集。

第3章
雷达电磁环境效应分析及表征方法

雷达电磁环境效应是指电磁环境对雷达系统产生的影响,对效应的刻画是进行效应机理分析的必备前提。雷达一般可分为射频前端、信号处理与数据处理等环节,效应表征应针对不同的环节进行分类表征,以建立特征参数量化的特征集。本章分别从领域知识与机器学习两个方面对效应表征进行介绍。

3.1 基于领域知识的效应特征提取

3.1.1 雷达系统效应特征分析

为了建立不同模块之间的映射关系,将雷达接收前端按照不同功能模块分为限幅器、低噪放、衰减器、混频器、滤波器、放大器和混频器等节点,将雷达信号处理单元按照不同功能模块分为数字下变频 DDC、脉冲压缩、MTI 及 MTD、CFAR 等节点,将雷达数据处理单元分为量测预处理、数据关联、跟踪、航迹等节点。

根据接收前端的不同节点所产生的效应现象不同,建立不同节点效应现象的参数化表征样本集,以此确定不同节点之间的效应现象因果关系,并给出不同特征参数的计算方法。以同样方式,建立信号处理单元和数据处理单元中不同节点所产生效应现象的参数表征样本集以及相应的计算方法,并确定样本之间的定性或者量化关系。具体实施方案图 3-1 所示。

1. 接收前端复杂电磁环境效应表征

考虑多类雷达接收前端器件效应及典型接收前端电路拓扑,将雷达接收前端划分为 6 个节点,如图 3-2 所示。各射频监测点具体测量参量有所不同,将根据其各自复杂电磁环境效应现象,即正常传输信号经过分立器件前后完整性与畸变成分对比进行,包括频率源稳定度(如晶振产生的温度频率偏移,相位噪声)、新频谱分量(如谐波频带产生)、杂散(能量泄露)、信噪比(级联部件噪声系数)、波形畸变(回波信号失真度)等;针对接收前端作为完整模块的测量参量则包括接收系

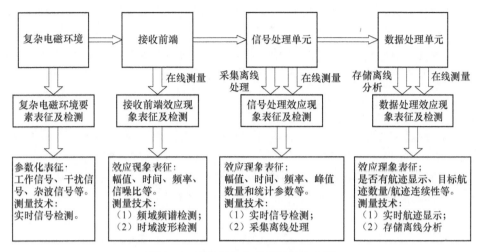

图 3-1　雷达系统电磁环境效应表征

统噪声系数、灵敏度、接收机动态范围、带外杂波抑制度、通道稳定度(幅度稳定度及相位稳定度)、通道一致性(幅度及相位)、抗烧毁能力等。

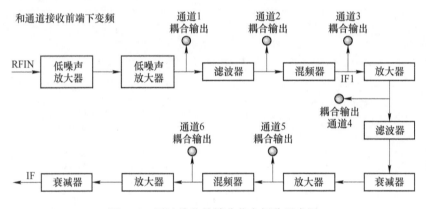

图 3-2　雷达接收前端分节点划分示意图

接收前端单元复杂电磁环境效应的测量,主要通过设计搭建典型测试用分节点雷达接收前端电路,并通过对雷达接收前端各分节点加载定向耦合器的方式,对电磁信号流通处理过程中的节点进行输出,采集数据后进行时域波形和频域频谱参数测量。

2. 信号处理电磁环境效应表征

通过理论分析和建模仿真,建立信号处理单元不同节点(数字下变频、脉冲压缩、MTI 及 MTD、CFAR)的效应现象特征样本集,根据不同节点的效应特征,建立不同效应现象的定性或者量化描述。

首先,根据数字下变频得到 IQ 输出信号的特征,建立表征其效应现象特征的样本集,如幅值、时间(如饱和时间等)、带宽等参数,以确定其与中频输出的量化关系。然后,根据脉冲压缩输出特征,建立表征其效应现象特征的时域样本集,如幅值、信噪比等参数,以确定其与 IQ 输出的量化关系。MTI 及 MTD 节点依此类推。最后,根据 CFAR 输出峰值特点,确定输出峰值数量与输入及设定阈值的量化关系。雷达信号处理及数据处理流程图如图 3-3 所示。

统计分析处理方法,首先将各个节点的输出通过多通道采集卡存入计算机。然后,采用不同的统计计算方法,建立不同输出量的统计特征,主要是时域、频域和小波变换后的统计特征参数,如均值、方差、标准差、盒维数等。信号处理单元电磁环境效应的参数化表征方法如图 3-4 所示。

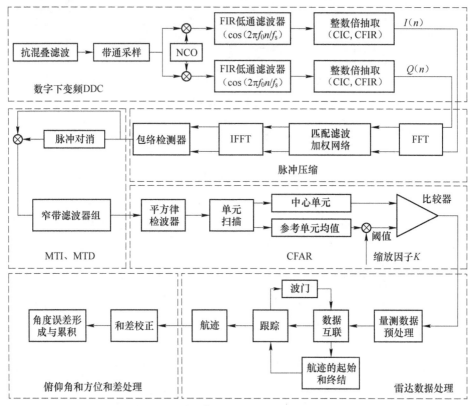

图 3-3　雷达信号处理及数据处理流程图

3. 数据处理电磁环境效应表征

首先,通过理论分析和建模仿真建立数据处理单元的效应现象表征方法,如是否有航迹显示、显示航迹数量、航迹是否中断等显示特征。然后,建立航迹显示特征与数据信号处理单元输出的量化关系。最后,通过航迹存储和离线分析,验证航

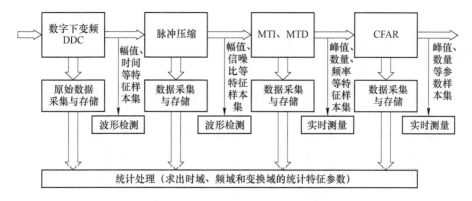

图 3-4　信号处理单元电磁环境效应的参数化表征方法

迹显示特征与前面效应现象参数量化关系的有效性。数据处理单元电磁环境效应参数化表征方法如图 3-5 所示。

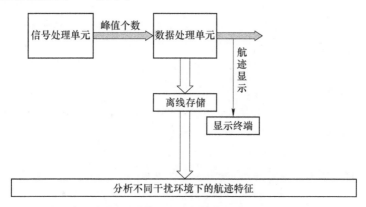

图 3-5　数据处理单元电磁环境效应参数化表征方法

3.1.2　雷达系统效应指标计算方法

根据典型雷达系统结构和处理流程,将射频前端、信号处理、数据处理分为 13 个节点,分别为限幅器、低噪放、滤波器一、一级混频器、放大器、滤波器二、二级混频器、数字下变频、脉冲压缩、MTI 及 MTD、CFAR、点迹、航迹,针对 13 个节点的效应指标,分别给出相应的计算方法。

1. 限幅器、低噪放 LNA、滤波器、放大器

1）频谱峰值（dBm）

定义:信号功率在工作带宽内频域上的最大值。

计算方法:将信号进行傅里叶变换,取其在频域上的最大值,即

$$P_{\max} = \max\{10\lg(P_i)\} \qquad (3-1)$$

式中:P_i 表示接收机带宽内第 i 个频点的功率。

2)频谱带宽(MHz)

定义:功率为峰值功率 $1/2$(幅值为峰值的 $\sqrt{2}/2$)时对应的频带宽度为:

$$B = f_{\mathrm{H}} - f_{\mathrm{L}} \qquad (3-2)$$

式中:f_{H} 与 f_{L} 分别对应功率为峰值功率一半时的上限截止频率及下限截止频率。在实测数据分析中,优于频谱非平稳:首先计算频谱包络;然后按照峰值左、右下降 3dB 来频率上、下限;最后计算带宽。

3)带内平均功率(dBm)

定义:接收机带宽内平均功率。

计算方法:

$$P_{\mathrm{av}} = 10\lg\left(\frac{\sum P_i}{N}\right) \qquad (3-3)$$

式中:P_i 表示接收机带宽内第 i 个频点的功率;N 表示频率采样点数。

4)带内频谱最小值(dBm)

定义:信号功率在工作带宽内频域上的最小值。

计算方法:将信号进行傅里叶变换,取其在频域上的最小值,即

$$P_{\min} = \max\{10\lg(P_i)\} \qquad (3-4)$$

式中:P_i 为接收机带宽内第 i 个频点的功率。

5)带内频谱标准差(dBm)

定义:信号功率在工作带宽内频域上的标准值。

计算方法:将信号进行傅里叶变换,利用上面的均值计算标准差,即

$$P_S = \sqrt{\frac{\sum\limits_{i=1}^{N}(P_i - P_{\mathrm{av}})^2}{N-1}} \qquad (3-5)$$

6)带内频谱偏度系数

定义:信号功率在工作带宽内频域上的偏度系数。偏度系数越接近于零,则表示左右带内频谱分布左右越对称;偏度系数越大于零,则说明数据集越不对称。对于一个标准线性调频信号而言,其频谱应该是对称的,如果受到干扰或者器件非线性的影响,则其对称性会发生变化。

计算方法:将信号进行傅里叶变换,利用上面的均值和标准差计算带内频谱偏度系数,即

$$P_g = \frac{1}{\sqrt{6N}}\sum_{i=1}^{N}\frac{(P_i - P_{\mathrm{av}})^2}{P_S} \qquad (3-6)$$

2. 混频器、数字下变频

对于混频器、数字下变频输出信号的评价,除了已述指标,还有二次谐波频谱峰值、二次谐波 3dB 带宽(MHz),下面分别描述。

1) 二次谐波频谱峰值(dBm)

二次谐波定义:谐波是指对周期性非正弦交流量进行傅里叶级数分解所得到的大于基波频率整数倍的各次分量,通常称为高次谐波。二次谐波频谱峰值即为二次谐波对应频域上的最大值。

计算方法:进行傅里叶变换后取其二次谐波位置的最大值。

2) 二次谐波 3dB 带宽(MHz)

定义:功率为二次谐波峰值功率一半(幅值为峰值的 $\sqrt{2}/2$)时对应的频带宽度。

计算方法:

$$B = f_H - f_L \tag{3-7}$$

式中:f_H 与 f_L 分别对应功率为二次谐波峰值功率一半时的上限截止频率及下限截止频率。

3. 脉冲压缩

1) 信噪比(dB)

定义:指信号与噪声功率之比。

计算方法:信噪比的计量单位是 dB,其计算方法是:

$$SNR = 10\lg(PS/PN) \tag{3-8}$$

式中:PS 和 PN 分别代表信号和噪声的有效功率;PS 选取为目标所在距离单元的功率,PN 选取为相邻左右 8 个单元的平均功率。

2) 脉压峰值(dBm)

定义:脉压信号目标距离单元幅度值。

计算方法:根据目标所在距离计算脉压信号中对应的距离单元,提取该峰值并计算对应的 dB 值,计算公式为

$$P_T = 10\lg(P_M) \tag{3-9}$$

式中:P_M 为脉压信号中目标所在距离单元对应值。

4. MTI 及 MTD

1) 信噪比

计算方法同"脉冲压缩"中信噪比计算。对于 MTI 滤波信号,输出是一维时域信号,则计算方法与脉压信号信噪比相同;对于 MTD 滤波信号,输出为两维矩阵,则需计算目标距离和速度对应的距离-多普勒单元,提取该峰值表示为 PS,PN 则选择上下左右相邻 8 个 CFAR 单元的平均功率。

2）动目标改善因子

定义：滤波器输出信杂比（ S_o/C_o ）和输入信杂比（ S_i/C_i ）的比值。

计算方法：

$$I = \frac{S_o/C_o}{S_i/C_i} = \bar{G}\,\frac{C_i}{C_o} \qquad (3-10)$$

式中： S_i 和 S_o 在目标所有可能的径向速度上取平均的信号功率； C_i 为输入杂波功率； C_o 为同一杂波对消后剩余杂波功率； $\bar{G}$ 为系统对目标信号的平均功率增益。

3）滤波峰值

对于 MTI 滤波信号，输出是一维时域信号，则计算方法与脉压信号峰值提取相同；对于 MTD 滤波信号，输出为两维矩阵，则需计算目标距离和速度对应的距离-多普勒单元，提取该峰值。

5. CFAR

1）检测阈值

定义：雷达在检测目标时所选择的判决阈值。

计算方法：CFAR 的计算公式为

$$\mathrm{Th} = \frac{1}{2N}\Big(\sum_{i=1}^{N}X_i + \sum_{i=N+1}^{2N}X_i\Big) \qquad (3-11)$$

式中： N 为被检测单元左右的单元数； X_i 为第 i 个单元信号幅度。

每次仿真输出有目标回波的检测阈值，没检测到目标也要输出阈值。在半实物仿真实测数据分析中，无法计算该数据，选择检测结果中幅度最小的值作为参考阈值。

2）检测概率

定义：在多次试验中，真实目标被检测出来的概率。

计算方法：

$$P_d = \frac{N_0}{N} \qquad (3-12)$$

式中： N_0 为检测到目标的次数； N 为总试验次数。

仿真系统在有目标回波时，判断是否检测到目标，1 为是，0 为否，外部通过统计多次结果来计算检测概率。

3）检测目标数量

定义：目标所在波位检测出来的目标数量。

计算方法：统计恒虚警检测输出的结果中值为 1 的数量。

6. 点迹

1）点迹测量误差

定义：雷达测量目标位置的测量值与真实值之间的偏差。

单次计算方法:测量值与真实值之间的差值。

雷达测量的参数为 $\{\hat{R}, \hat{A}, \hat{E}\}$（距离、方位、俯仰），此刻的真实值为 $\{R, A, E\}$，将测量值和真实值转换到直角坐标系的坐标分别为 $(\hat{x}, \hat{y}, \hat{z})$ 和 (x, y, z)，两者之间的欧氏距离为测量误差:

$$\Delta r = \| (\hat{x}, \hat{y}, \hat{z}) - (x, y, z) \|_2 \tag{3-13}$$

只统计检测到目标的测量误差,没检测到目标就不算,通过检测概率来评估影响。

2）虚假点迹率

定义:不能与真实目标相关的点迹数量与总点迹数量的比例。

计算方法:虚假点迹率计算

$$S_d = \frac{X}{Y + X} \tag{3-14}$$

式中: S_d 为虚假点迹率; X 为探测范围内的虚假点迹数量; Y 为探测范围内的真实点迹数量。

用来评价假目标的影响,给出天线扫描一周检测到的虚假点迹数。

7. 航迹

1）航迹跟踪误差

定义:目标输出航迹位置与目标真实位置的距离误差值。

计算方法:设一共进行 M 次蒙特卡罗仿真试验,每次试验的探测航迹均需和目标真实航迹进行配对。设 $\{\hat{R}_i(k), \hat{A}_i(k), \hat{E}_i(k)\}$ 是第 i 次试验情况下第 k 时刻得到的目标探测航迹（距离、方位、俯仰）。第 k 时刻目标的真实数据为 $\{R(k), A(k), E(k)\}$,则第 k 时刻目标的平均距离跟踪误差为

$$\Delta \tilde{R}(k) = \frac{1}{M} \sum_{i=1}^{M} | R(k) - \hat{R}_i(k) | \tag{3-15}$$

2）虚假航迹率

定义:不能与真实目标相关的航迹数量与总航迹数量的比例。

计算方法:

$$S_h = \frac{X}{Y + X} \tag{3-16}$$

式中: S_h 为虚假航迹率; X 为探测范围内的虚假航迹数量; Y 为探测范围内的真实航迹数量。

3）建立跟踪时间

定义:雷达第一次检测出目标到建立航迹的时间,用于衡量雷达对目标的跟踪能力。一方面,确认数据率,尤其是起始航迹时的确认数据率过高时,目标在空间

移动的距离相当小,观测误差的影响可能使得航迹起始不准确;另一方面,如果确认数据率过低,则目标可能穿越搜索波位,使得确认失败,或者目标突防深度加深,不利于防御系统及时建立跟踪。

计算方法:雷达系统从发现目标到建立跟踪过程的时间为目标截获时间 T_C ,即

$$T_C = \frac{\sum_{i=1}^{M}(T_{ti} - T_{fi})}{M} \tag{3-17}$$

式中: T_{ti} 为第 i 次仿真中建立跟踪的时刻; T_{fi} 为相应发现目标的时刻。

4) 成功建立跟踪的概率

定义:在多次试验中,由于目标雷达散射截面积(RCS)过小、目标机动或者干扰的影响,雷达系统对于目标建立跟踪也是一个随机概率事件,用"成功建立航迹的概率"来衡量成功建立跟踪的概率。

计算方法:进行 N 次相同战情的蒙特卡罗试验,如果跟踪雷达能够成功对此目标建立跟踪的次数为 M 次(还有 $N-M$ 次因为干扰等在整个过程中都不能建立跟踪),则对此目标成功建立跟踪的比率为 M/N,当试验样本数目满足大样本条件时,可以认为这就是成功建立跟踪的概率。

5) 航迹连续率

定义:探测范围内属于同一目标的分段航迹数量与这些航迹相邻之间的中断点迹数量,连续跟踪的点与总航迹点数的比例。航迹连续率主要用于考核雷达航迹的中断与重新起批情况,从一定程度上也能够反映雷达的机动目标跟踪能力。

计算方法:

$$C_s = \frac{\sum_{i=1}^{J} E_i}{\sum_{i=1}^{J} E_i + \sum_{j=1}^{J-1} D_i} \tag{3-18}$$

式中: C_s 为航迹连续率; J 为分段航迹的数量; E_i 为第 i 段航迹的观测点迹数量; D_i 表示航迹第 i 次中断时丢失的点迹数量。

3.1.3 雷达系统效应表征参数集

雷达电磁环境效应表征通过理论分析和可实现性方面考虑,以及机器学习维度不宜过高,目前选择的典型雷达系统各节点电磁环境效应表征参数集如表 3-1 所列。

表 3-1　各节点效应表征参数集

序号	节点名称	效应参数名称
1	限幅器	频谱峰值、频谱带宽、带内平均功率、标准差、偏度系数
2	低噪放	频谱峰值、频谱带宽、带内平均功率、标准差、偏度系数
3	滤波器一	频谱峰值、频谱带宽、带内平均功率、标准差、偏度系数
4	一级混频器	频谱峰值、频谱带宽、带内平均功率、标准差、偏度系数、二次谐波峰值、二次谐波带宽
5	放大器	频谱峰值、频谱带宽、带内平均功率、标准差、偏度系数
6	滤波器二	频谱峰值、频谱带宽、带内平均功率、标准差、偏度系数
7	二级混频器	频谱峰值、频谱带宽、带内平均功率、标准差、偏度系数、二次谐波峰值、二次谐波带宽
8	数字下变频	频谱峰值、频谱带宽、带内平均功率
9	脉冲压缩	脉压峰值、信噪比
10	MTI/MTD	滤波峰值、信噪比、改善因子
11	检测	检测门限、检测点数、检测概率
12	点迹	误差、虚假点迹率
13	航迹	误差、虚假航迹率

3.2　基于机器学习的效应特征提取

根据专家知识对效应进行表征具有物理意义明确、针对性强的优点,但其严重依赖专家的主观认识,主观性强且无法保证特征的针对性。因此,本书提出在根据专家知识分析出特征集的基础上,引入深度学习对原始的效应数据(主要是雷达 P 显图片)进行自动的特征提取。

3.2.1　深度卷积神经网络

深度学习作为机器学习的一个重要分支,相较于传统的机器学习算法,其在特征提取方面具有无可比拟的优越性。深度网络结构能拟合复杂数据,自动地学习数据的本质特征,自动学习的深度特征比手工获取的特征鲁棒性更强,能有效应对复杂环境,克服传统的机器学习算法提取特征耗时耗力的缺点,因此在对图像分类问题上更有优势。

目前,已有数种深度学习框架,如卷积神经网络、深度置信网络、深度堆栈神经网络、深度递归神经网络及深度生成对抗神经网络等,广泛应用于计算机视觉、语音识别、自然语音处理、音频识别和生物信息学等领域并取得了丰硕的成果。其中,卷积神经网络(convolutiona neural network,CNN)作为一种更适合图像、语音识别任务的神经网络结构,它在最近几年大放异彩,几乎所有图像分类领域的重要突破都是源于 CNN。

卷积神经网络是一种前馈神经网络,是对全连接神经网络的延伸,它的人工神经元可以响应一部分覆盖范围内的周围单元,对于图像处理具有出色表现。

1. 卷积神经网络的基本结构

卷积神经网络由 3 部分构成。以用于手写字体分类的 LeNet 网络为例,第一部分是输入层,第二部分由 n 个卷积层和池化层的组合组成,第三部分由一个全连接的多层感知机分类器构成,如图 3-6 所示。

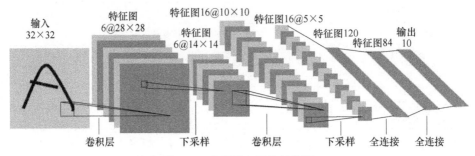

图 3-6　卷积神经网络结构图

卷积神经网络的输入为原始图像,卷积层的卷积核以一定的大小和步幅对原始图像进行卷积运算得到特征图;下采样层对特征图进行采样处理,抽取特征图一定区域内的最大值或平均值;经过多层卷积和下采样处理,由全连接层整合特征并交由 Softmax 分类器进行分类处理。Softmax 分类器是逻辑回归分类器的推广,能有效处理多分类问题。

相较于传统的神经网络,卷积神经网络具有以下特点。

(1)局部感知:针对图像数据像素的局部联系较为紧密的特点,卷积神经网络的卷积层为局部连接的形式,如图 3-7 所示,卷积核模拟生物的视觉感受野,每一次卷积只提取图像固定大小区域内的局部信息。

(2)权值共享:局部感知使每一次卷积只提取到图像局部区域内的信息。因此,要想提取整幅图像的某类特征,需要该类卷积核按照一定的步幅对整幅图像中所有局部区域进行特征提取。在整个过程中卷积核进行卷积计算时的权值系数不会因为这些区域在图像中的位置不同而发生变化,这是因为特征的提取方式与提取位置无关。

(3)多核卷积:每一种卷积核只能提取到图像的某一类特征,因此需要在卷积层设置多种卷积核,从而提取到更加全面的图像特征信息。不同种类的卷积核,提取图像的不同特征。

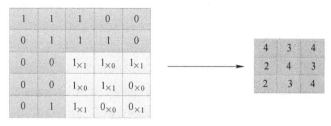

图 3-7　卷积操作

（4）下采样:在某些卷积层后通常会添加一个下采样层,抽取卷积得到的特征图中一定范围内的局部平均值或最大值,这样既降低了数据量,也提升了网络对输入图像中目标形变和场景变化的鲁棒性。如图 3-8 所示,池化操作将整个特征图分为 2×2 个区域,每个区域的值为整个区域的最大值或者平均值,池化后得到一个 2×2 的新的特征图。

图 3-8　池化操作

2. 卷积神经网络的前向传播

卷积神经网络的前向传播过程和普通的神经网络的前向传播过程是相似的。例如,用 l 表示当前层, x_j^l 表示当前层的输出, w_{ij}^l 表示第 l-1 层中第 i 个节点到第 l 层中 j 个节点的权值系数, b_j^l 分别表示第 l-1 层到第 l 层的偏置,则前向传播可以用下式计算:

$$x_j^l = f\left(\sum_{i \in M_j} x_i^{l-1} * w_{ij}^l + b_j^l\right) \tag{3-19}$$

式中: $f(\ )$ 函数为激活函数,可以选择 sigmod、tanh 或者 ReLU 等函数; M_j 为输入特征图的个数。

3. 卷积神经网络的反向传播

神经网络模型处理分类识别问题,属于有监督学习问题,CNN 也不例外。模型需要一些有标注的数据进行训练,训练过程中主要涉及网络的前向传播和反向传播计算,前向传播体现了特征信息的传递,反向传播则是体现误差信息对模型参数的矫正。

根据代价函数,通过 CNN 的后向传播训练卷积核,更新卷积核参数,代价函数

有较多形式,常用的有平方误差函数、交叉熵等。下式采用平方误差函数作为代价函数:

$$E^n(W,b) = \frac{1}{2}\sum_{k=1}^{c}(t_k^n - y_k^n)^2 = \frac{1}{2}\parallel t^n - y^n \parallel_2^2 \qquad (3-20)$$

式中: E^n 为第 n 个样本的误差; c 为样本类别数; t_k^n 为第 n 个样本对应的标签的第 k 维; y_k^n 为第 n 个样本对应的网络输出的第 k 个输出。

考虑所有训练样本,其训练误差表示为

$$E^N(W,b) = \frac{1}{2N}\sum_{n=1}^{N}\sum_{k=1}^{c}(t_k^n - y_k^n)^2 + \frac{\lambda}{2}\sum_{l=1}^{L}\sum_{i=1}^{S_{l-1}}\sum_{j=1}^{S_l}(w_{ij}^l)^2$$

$$\qquad\qquad\qquad (3-21)$$

$$= \frac{1}{N}\sum_{n=1}^{N}E^n(W,b) + \frac{\lambda}{2}\sum_{l=1}^{L}\sum_{i=1}^{S_{l-1}}\sum_{j=1}^{S_l}(w_{ij}^l)^2$$

式中: N 为每一类训练样本个数; L 为卷积神经网络的层数; S_l 为第 l 层的节点数; λ 为正则因子的惩罚性系数。

式(3-21)第 1 项是一个均方差项,第 2 项是一个正则化项(也叫权重衰减项),其目的是减小权重的幅度,防止过度拟合。

为最小化代价函数,常用梯度下降法迭代更新每一层的参数,直到寻找到代价函数的极小值点,更新 l 层的参数如下:

$$\begin{cases} W^l = W^l - \eta\left[\frac{1}{N}\nabla_{W^l}E^N(W,b) + \lambda W^l\right] \\ b^l = b^l - \eta\left[\frac{1}{N}\nabla_{b^l}E^N(W,b)\right] \end{cases} \qquad (3-22)$$

式中: η 为学习率。

利用反向传播算法,通过链式求导法则,计算权值与偏置的偏导数,将该偏导数带入式(3-22),从而对第 l 层的参数进行更新。

3.2.2　基于卷积神经网络的 P 显图像特征提取

1. 网络模型

本书采用经典的 CNN 模型,结构与 LeNet 大体类似,都包括卷积层、池化层、全连接层、分类层,所不同的是网络层数、卷积核个数及卷积核大小,其网络模型如图 3-9 所示。

模型包括 5 个卷积层和 1 个全连接层,在第 1、2、3 个卷积计算后添加了下采样(最大值池化)操作。网络的主要执行流程及具体参数信息如下。

(1)输入层:对所有原始 P 显图像进行降采样,使其大小为 88×88。

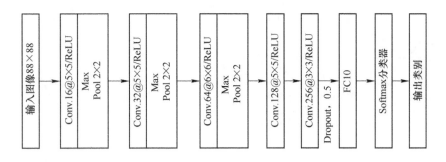

图 3-9 P 显图像分类的网络模型

（2）卷积层 1：16 个大小为 5×5 的卷积核，通过卷积操作得到 16 个 84×84 大小的特征图。

下采样层：采样范围为 2×2，步幅为 2，通过最大值池化得到 16 个 42×42 大小的特征图。

（3）卷积层 2：32 个大小为 5×5 的卷积核，通过卷积操作得到 32 个 38×38 大小的特征图。

下采样层：采样范围为 2×2，步幅为 2，通过最大值池化得到 32 个 19×19 大小的特征图。

（4）卷积层 3：64 个大小为 6×6 的卷积核，通过卷积操作得到 64 个 14×14 大小的特征图。

下采样层：采样范围为 2×2，步幅为 2，通过最大值池化得到 64 个 7×7 大小的特征图。

（5）卷积层 4：128 个大小为 5×5 的卷积核，通过卷积操作得到 128 个 3×3 大小的特征图。

（6）卷积层 5：256 个大小为 3×3 的卷积核，通过卷积操作得到 256 个 1×1 大小的特征图；其后添加了 Dropout，随机使该卷积层某些神经元不工作，每个神经元被丢弃率为 0.5，使用 Dropout 减少了训练参数，可以防止过拟合。

（7）全连接层：10 个神经元节点。全连接层的输出即可作为表征 P 显图片的效应特征。

（8）Softmax 分类层：计算输入样本属于每一类的概率。

2. 训练与验证

将已知的 P 显图像类别分成无干扰和 9 种类型的干扰，共有 10 类，每类数据样本集下采样至 88×88 大小。从每一类样本集中随机抽取 180 张图片作为训练集，剩余的样本作为测试集。表 3-2 为试验数据集的组成。

表 3-2　试验数据集的组成

干扰类别 数据集	J0	J1	J2	J3	J4	J5	J6	J7	J8	J9
训练集	180	180	180	180	180	180	180	180	180	180
测试集	118	171	318	326	554	183	922	966	417	271

注:J0 表示无干扰,J1~J9 分别表示 1 类到 9 类干扰。

3. 试验结果

首先采用训练集对网络进行训练,网络更新迭代次数为 13500 次;然后采用测试集对训练完成的网络模型进行测试,以验证基于卷积神经网络的 P 显图像分类模型。试验结果如表 3-3 所列。

表 3-3　基于卷积神经网络的 P 显图像分类

类别	J0	J1	J2	J3	J4	J5	J6	J7	J8	J9	类识别率/%
J0	118	0	0	0	0	0	0	0	0	0	100
J1	1	169	1	0	0	0	0	0	0	0	98.83
J2	0	0	314	1	0	2	1	0	0	0	98.74
J3	0	1	2	318	2	0	1	2	0	0	97.55
J4	0	5	2	0	544	2	0	1	0	0	98.19
J5	2	0	0	4	1	176	0	0	0	0	96.17
J6	0	0	0	2	0	0	916	0	0	4	99.35
J7	2	0	1	0	0	0	2	950	0	11	98.34
J8	1	0	1	1	0	0	3	7	404	0	96.88
J9	0	0	0	0	0	0	0	0	0	271	100
总识别率	98.45%										

4. 特征可视化

为了深入地了解网络如何学习 P 显图像的特征,将训练完成的网络每层学习到的特征进行可视化。以数据集中一幅图像为例,对应每一层的可视化结果如下。

(1) 输入图片。该图片来自 J1 干扰数据集,该图像数据已经过检测的预处理,如图 3-10 所示。

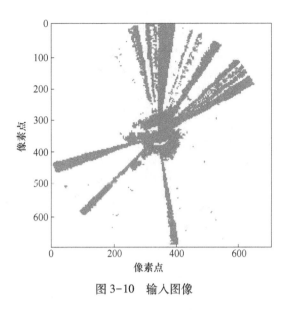

图 3-10　输入图像

（2）经过卷积层 1、卷积层 2、卷积层 3、卷积层 4、卷积层 5 得到的特征图如图 3-11 所示。

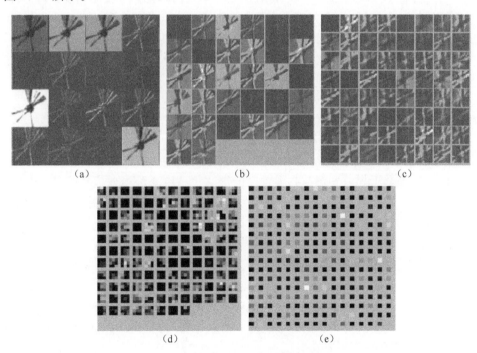

图 3-11　经过卷积层后的特征图

（a）卷积层 1 处理后特征；（b）卷积层 2 处理后特征；（c）卷积层 3 处理后特征；

（d）卷积层 4 处理后特征；（e）卷积层 5 处理后特征。

（3）Softmax 层输出。Softmax 层输出结果如图 3-12 所示。

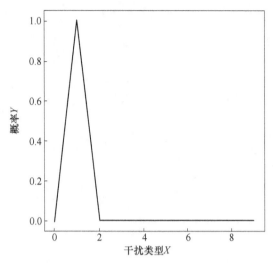

图 3-12　Softmax 层输出结果

首先根据每层的特征图可以看出，从浅层学到的基本像素特征到线状特征；然后到深层的抽象特征，网络越深，提取的特征越具有代表性，鲁棒性就越强；最后 Softmax 层输出图显示标记为 1 的干扰概率最大，说明输入样本为 J1 干扰类型。由此可知，深层神经网络通过逐层的非线性变换，能够实现复杂函数的逼近；由低层到高层，特征的表示越来越抽象，越能对原始数据进行更本质地刻画。

3.3　融合领域知识与机器学习的效应特征构建

除了考虑基于领域知识与物理含义的雷达复杂电磁环境效应指标外，同时研究基于机器学习的数据挖掘技术，分析数据中隐含的潜在特征与指标，在此基础上，研究融合方法，将基于领域知识和机器学习的特征进行有效融合。

3.3.1　效应特征及融合方法

干扰对雷达系统的重要影响之一是改变信号的时频特性，因此通过有效的时频分析可以度量干扰对雷达的影响程度。时频分析作为分析时变非平稳信号的有力工具，成为现代信号处理研究的一个热点，它作为一种新兴的信号处理方法，近年来受到越来越多的重视。时频分析方法提供了时间域与频率域的联合分布信息，清楚地描述了信号频率随时间变化的关系。时频分析的基本思想是：设计时间和频率的联合函数,用它同时描述信号在不同时间和频率的能量密度。利用时频分布来分析信号,能给出各个时刻的瞬时频率及其幅值,并且能够进行时频滤波和时变信号研究。考虑到时频分析的时频分辨率及准确性,在此使用重排平滑伪魏格纳分布:

$$RSD(t',f') = \iint_{-\infty}^{+\infty} SD(t,f)\delta(t' - \hat{t}(t,f))\delta(f' - \hat{f}(t,f))\,\mathrm{d}t\mathrm{d}f \quad (3-23)$$

其中

$$\begin{cases} \hat{t}(t,f) = t - \dfrac{\displaystyle\iint_{-\infty}^{+\infty} uy(t-u,f,\tau)p(u)q(\tau)\,\mathrm{d}\tau\mathrm{d}u}{SD(t,f)} \\[4mm] \hat{f}(t,f) = f - \dfrac{\displaystyle\iint_{-\infty}^{+\infty} \tau y(t-u,f,\tau)p(u)q(\tau)\,\mathrm{d}\tau\mathrm{d}u}{SD(t,f)} \end{cases} \quad (3-24)$$

$$SD(t,f) = \iint_{-\infty}^{+\infty} y(t-u,f,\tau)p(u)q(\tau)\,\mathrm{d}\tau\mathrm{d}u \quad (3-25)$$

不同干扰信号下的雷达回波具有不同的时频分布,因此需要提出具体指标度量这种时频差异。当把时频分布考虑成二维图像时,这种是时频差异主要体现在图像的像素差异及分布差异。图像的熵是一种特征的统计形式,它反映了图像中平均信息量的多少。图像的一维熵表示图像中灰度分布的聚集特征所包含的信息量,图像的一维熵可以表示图像灰度分布的聚集特征,却不能反映图像灰度分布的空间特征。为了表征这种空间特征,可以在一维熵的基础上引入能够反映灰度分布空间特征的特征量来组成图像的二维熵。选择图像的邻域灰度均值作为灰度分布的空间特征量,与图像的像素灰度组成特征二元组,记为(i,j),其中i表示像素的灰度值,j表示邻域灰度均值,定义$f(i,j)$为特征二元组(i,j)出现的频数,反应某像素位置上的灰度值与其周围像素的灰度分布的综合特征。因此可定义图像二维熵为

$$H = -\sum_{i=0}^{L}\sum_{j=0}^{L} p_{ij}\lg p_{ij} \quad (3-26)$$

其中

$$p_{ij} = f(i,j)/N \quad (3-27)$$

式中:N与L分别为图像的像素数与灰度级。

依此构造的图像二维熵可以在反映图像所包含的信息量的前提下,突出反映图像中像素位置的灰度信息和像素邻域内灰度分布的综合特征。因此可以用来度量不同时频分布的差异。

另外,构建干扰环境下的数据样本,具体为采集脉冲压缩之后的信号,其具有一个重要的特点:同一类型的干扰具有相似的特征,即特征的聚集性,因此可以由

数据样本通过数据挖掘提取表征干扰的特征集,进而利用干扰信号在特征空间的相似性度量表征干扰的影响。考虑到雷达噪声,首先利用稳健主成分分析(RPCA)提取特征空间的特征向量:

$$\begin{cases} \min_{L,S} \operatorname{rank}(L) + \gamma \parallel S \parallel_0 \\ \text{s. t. } D = L + S \end{cases} \tag{3-28}$$

式中:D 表示输入的脉压之后的回波信号;低秩矩阵 L 表示相似的特征;S 表示去除的随机性噪声及非理想信号成分。

为了便于求解,将式(3-28)转化为

$$\begin{aligned} \min_{L,S} & \parallel L \parallel_* + \gamma \parallel S \parallel_1 \\ & \text{s. t. } D = L + S \end{aligned} \tag{3-29}$$

其中,目标函数分别为矩阵核范数与矩阵 L1 范数。对任意一干扰通过上述途径获得其低秩矩阵后,进一步通过对其列向量做平均获得其特征模式:

$$v = \frac{1}{N} \sum_{k=1}^{N} L_k \tag{3-30}$$

假设不同干扰与无干扰下的特征模式分别为 $\{v_m^J\}_{m=1}^M$ 与 v^E,则对于待评估信号 x,有

$$\begin{cases} \alpha = \max\{r(x, v_m^J) \mid m = 1, 2, \cdots, M\} \\ \beta = r(x, v^E) \end{cases} \tag{3-31}$$

其中

$$r(u, v) = \frac{u^T \cdot v}{\parallel u \parallel_2 \cdot \parallel v \parallel_2} \tag{3-32}$$

表示两者的相关系数,度量了两者的距离。最终利用

$$F(x) = \frac{\alpha}{\alpha + \beta} \tag{3-33}$$

表示信号的受干扰影响程度。由此得到结论:基于数据挖掘的评估指标对样本数据具有较强的依赖性,因此需要慎重选择与设计数据挖掘的样本数据库。

最后,在信号层实现专家知识与数据挖掘的融合评估指标构建。首先利用样本数据对信号的图像熵指标 H 进行归一化处理:

$$\hat{H} = \text{Th}_0(H) \doteq \text{Th}\left(\frac{H - H^E}{H^J - H^E}\right) \tag{3-34}$$

其中

$$\{H^E, H_1^J, H_2^J, \cdots, H_M^J\}, \quad H^J = \max\{H_1^J, H_2^J, \cdots, H_M^J\} \ (> H^E)$$

分别为样本数据对应的图像熵指标以及熵极值,且

$$\text{Th}(t) = \begin{cases} 0, & t < 0 \\ t, & t \in [0,1] \\ 1, & t > 1 \end{cases} \tag{3-35}$$

为阈值函数。进而利用指标的可分性定义融合指标的加权系数：

$$\begin{cases} \text{CF}^{\hat{H}} = \displaystyle\sum_{i,j=0}^{M} \left| \text{Th}_0(H_i^J) - \text{Th}_0(H_j^J) \right| \\ \text{CF}^{F} = \displaystyle\sum_{i,j=0}^{M} \left| F(v_i^J) - F(v_l^J) \right| \end{cases} \tag{3-36}$$

因此，为了更加鲁棒，将基于专家知识与数据挖掘的指标融合，结合融合权重以及指标归一化，融合指标为

$$R = \frac{\text{CF}^{\hat{H}}}{\text{CF}^{\hat{H}} + \text{CF}^{F}} \hat{H} + \frac{\text{CF}^{F}}{\text{CF}^{\hat{H}} + \text{CF}^{F}} F \tag{3-37}$$

基于以上分析，具体融合指标构建流程如图 3-13 所示。

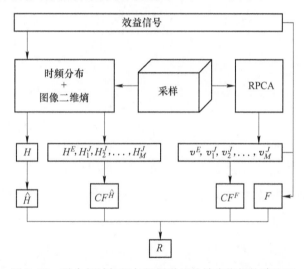

图 3-13　融合领域知识与机器学习的效应指标构建流程

通过上述途径可以建立信号层指标构建方法，为干扰效应分析提供具体方法。下节具体验证分析该方法的有效性。

3.3.2　分析验证

基于上述方法，下面给出仿真实验结果，首选利用 3 组测试信号检验方法的可

行性。其中 3 组测试信号如图 3-14 所示,分别为无干扰的真实信号 A、射频噪声干扰信号 B 与假目标干扰信号 C。

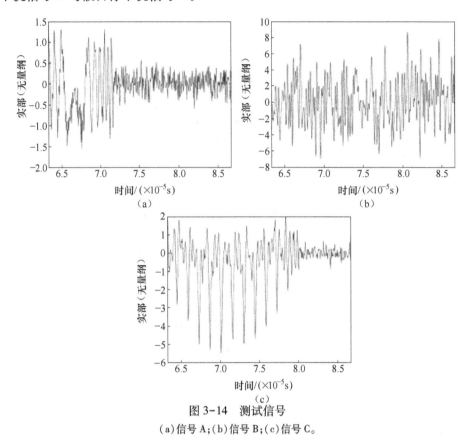

图 3-14　测试信号

(a)信号 A;(b)信号 B;(c)信号 C。

通过时频分析技术可以发现三者的时频图差异巨大,如图 3-15 所示,这为分析表征不同类别的干扰信号提供条件。

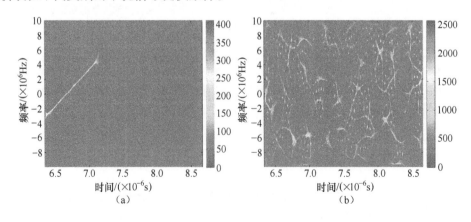

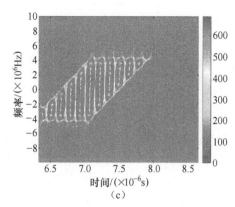

图 3-15 （见彩图）测试信号的时频图

(a)信号 A；(b)信号 B；(c)信号 C。

同时,进一步利用二维图像熵计算三者的指标 H,结果如表 3-4 所列,可以发现三者的 H 值存在较大差异。

表 3-4　测试信号表征指标 H

信号	A	B	C
H	0.40	2.34	1.15
$\hat{H}$	0	0.92	0.35

为了进一步与 F 指标融合,同时计算样本数据的 H 值,如图 3-16 所示,其极值作为归一化因子,得到的归一化 H 值如表 3-4 所列。

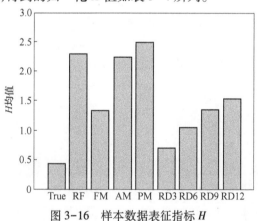

图 3-16　样本数据表征指标 H

对于样本数据获取其经过匹配滤波后的信号,为了便于展示,只将真实信号、射频干扰信号与含 9 个距离假目标干扰信号的样本数据列于图 3-17 中,可以发现三者具有较大差异。

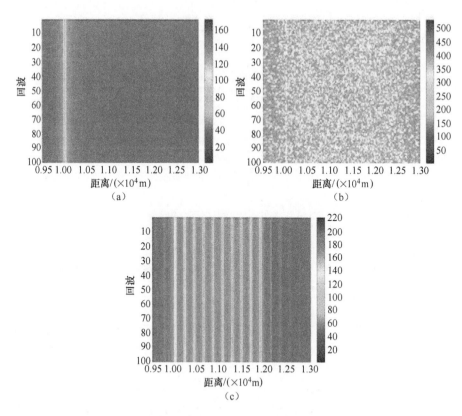

图 3-17 （见彩图）匹配滤波后的样本数据
(a) True；(b) RF；(c) RD。

同时经过 RPCA 相应的处理结果如图 3-18 所示。经过 RPCA 处理后，样本的主要模式更为清晰，为稳健特征提取提供条件。

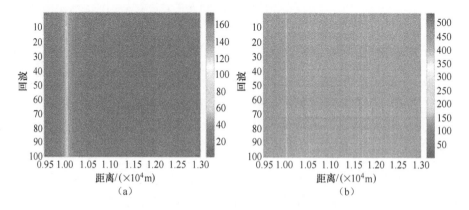

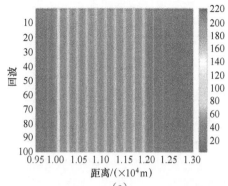

图 3-18　(见彩图)经过 RPCA 后的结果

(a)True-RPCA;(b)RF-RPCA;(c)RD9-RPCA。

提取后的特征向量如图 3-19 所示,可以作为样本数据的代表,进一步定量评估干扰影响大小。

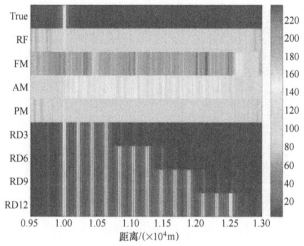

图 3-19　(见彩图)样本数据的特征向量

通过数据挖掘获得样本数据的干扰影响表征方法,对测试数据进行计算后得到 F 指标结果,如表 3-5 所列。

表 3-5　测试信号表征指标 F

信号	A	B	C
α	0.55	0.89	0.99
β	0.99	0.42	0.46
F	0.36	0.68	0.69

进一步计算融合权重,融合指标结果如表 3-6 所列。

表 3-6　测试信号表征的融合指标 R

CH$^{\hat{t}}$	CF^F	R		
		信号 A	信号 B	信号 C
30.23	6.84	0.07	0.88	0.41

通过对测试数据分析可知,所提方法对干扰表征具有一定可行性。下面利用指标与 CFAR 检测概率的相关性说明表征指标的适用性。由于压制干扰与假目标干扰下的检测方法差异巨大,这里仅考虑压制干扰,不同信干比(SJR)下干扰表征指标与 CFAR 检测概率曲线如图 3-20 所示。随着信干比增加,干扰越来越弱,检测概率越来越高,因此干扰表征指标与检测概率成负相关。

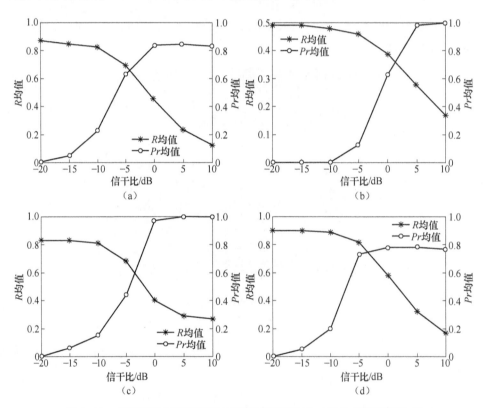

图 3-20　(见彩图)不同信干比下干扰表征指标与 CFAR 检测概率曲线
(a)RF;(b)FM;(c)AM;(d)PM。

通过计算,相应的相关系数如图 3-21 所示。由图可以发现四者的相关系数都接近于-1,因此,所提的干扰对雷达系统影响的表征指标具有一定的适用性。

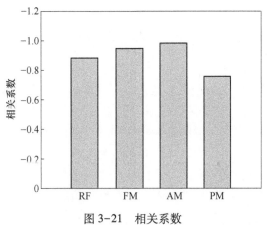

图 3-21　相关系数

下面分析表征指标的稳健性。在不同信噪比(SNR)下,压制干扰与假目标干扰的指标变化曲线如图 3-22 所示,可以发现存在一个信噪比阈值,当信噪比大于此阈值时,表征指标较为稳健,但是当信噪比低于此阈值时,噪声将被视为干扰的一部分,因此表征指标发生变化。

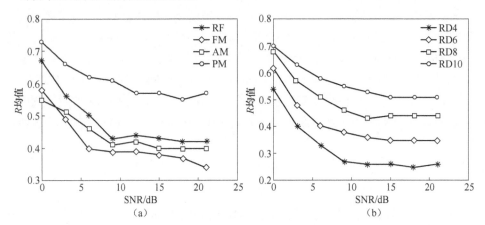

图 3-22　不同信噪比(SNR)下表征指标曲线
(a)压制干扰;(b)距离欺骗干扰。

3.4　融合信号层与应用层的效应特征构建

通过信号层指标构建实现干扰效果评估能够为干扰机理分析提供条件,其优势在于直接性与通用性,即干扰对雷达的影响能够直接通过信号表现出来,并且不受干扰类型的影响。然而其缺点在于缺乏对应用效能的考虑,因此结合信号层与应用层的融合指标能够综合两者的优势,进一步提升指标的稳健性。

3.4.1 基本理论与方法

在信号层的指标构建核心在于提升时频分析的时频分辨率,同时克服其常见问题,如双线性时频分析对于多信号成分的交叉项干扰,我们提出了基于卷积框架的视频分析方法。针对应用层的指标构建,我们提出了峰值功率比指标,重点分析了其与雷达干扰和 CFAR 检测效果之间的定量关系。最后融合两者形成了融合指标,进一步提升指标的性能。

在此,考虑 4 类干扰类型,即射频干扰(RF)、调频干扰(FM)、调幅干扰(AM)与调相干扰(PM),其信号模型分别为

$$J_{RF}(t) = U(t)\exp[\,j(2\pi f_0 t + \phi)\,] \tag{3-38}$$

$$J_{AM}(t) = [\,U + U(t)\,]\exp[\,j(2\pi f_0 t + \phi)\,] \tag{3-39}$$

$$J_{FM}(t) = U\exp[\,j(2\pi f_0 t + 2\pi K_1 \int_0^t u(s)\,ds + \phi)\,] \tag{3-40}$$

$$J_{PM}(t) = U\exp[\,j(2\pi f_0 t + K_2 u(t) + \phi)\,] \tag{3-41}$$

在信号层面,同样考虑基于时频分析与二维图像熵的表征指标,与前文不同在于时频分析方法的创新。传统时频分析方法主要分为 3 类:线性时频分析、双线性时频分析与数据驱动类时频分析。第一类时频分辨率较低,第二类存在交叉项的干扰,第三类稳健性不足及基础理论不完备。在此,考虑稳健时频分析(RTFA)技术,核心在于引入联合稀疏约束与卷积框架表示理论,能够在去除交叉项干扰的同时,提升时频分辨率。其基本原理如下:首先引入稀疏约束,将时频表示问题转化为优化问题:

$$\min_{s_m} \parallel s_m \parallel_1 \text{s.t.} \parallel x_m - F^{-1} \cdot s_m \parallel_2^2 < \epsilon \tag{3-42}$$

式中:x 表示时域待分析的信号段;s 表示其频谱系数;F 为其频谱分析基(如傅里叶基、小波基等),通过对原信号逐段进行频谱分析,即 $m = 1, 2, \cdots, M$,可最终获得其时频谱。

但是,上述优化问题并非联合稀疏约束,且逐个信号片求解计算量巨大,因此进一步通过汉克矩阵建立卷积框架表示,进而建立基于紧致框架表示的联合优化模型。

下面重点介绍卷积框架理论。设 $x = [x_1, x_2, \cdots, x_M]^T \in \mathbb{R}^M$,其汉克矩阵定义为

$$X = \begin{bmatrix} x_1 & x_2 & \cdots & x_M \\ x_2 & x_3 & \cdots & x_1 \\ \vdots & \vdots & & \vdots \\ x_N & x_{N+1} & \cdots & x_{N-1} \end{bmatrix} \in \mathbb{R}^{N \times M} \tag{3-43}$$

则对于任何正交矩阵 $U \in \mathbb{R}^{N \times N}$ 与 $V \in \mathbb{R}^{M \times M}$，其中 $\{u_i\}_{i=1}^{N}$ 与 $\{v_j\}_{j=1}^{M}$ 分别为其列向量，有：

（1）$X = U\Gamma V^{\mathrm{T}}$，其中，$\Gamma_{ij} = x^{\mathrm{T}}(u_i \circledast v_j)$；

（2）$x = \dfrac{1}{N} \sum\limits_{i=1}^{N} \sum\limits_{j=1}^{M} \Gamma_{ij} u_i \circledast v_j$。

这里，$\circledast$ 表示卷积算子。式（3-43）表明：通过矩阵的分解可以建立原信号的卷积表示，具体可得出下面结论：$\{u_i \circledast v_j \mid i = 1,2,\cdots,N, j = 1,2,\cdots,M\}$ 构成了原信号的一组卷积框架。类似地，若 $X = \Phi \cdot S$ 成立，则

$$x = \Sigma s \tag{3-44}$$

式中：Σ 表示由 Φ 与单位矩阵 E 卷积而成的卷积框架。

因此，基于紧致框架表示的联合优化模型可表示为

$$\min_{s} \| s \|_1 \text{ s. t. } \| x - \Sigma s \|_2^2 < \epsilon \tag{3-45}$$

通过求解上述模型可以获得更加准确且时频分辨率更高的时频分析，进而可通过计算图像熵建立信号层指标。

在应用层面，考虑到 CFAR 检测应用是雷达几乎所有后续应用的基础，因此希望建立能够关联检测性能的表征指标。由于 CFAR 检测主要在信号经过 MTD 之后，因此考虑利用经过 MTD 之后信号的峰值功率比（PAPR）作为应用层的表征指标，主要工作在于建立了干扰强度与 PAPR 的理论关系，并分析了 PAPR 与检测概率间的定量关系，为 PAPR 作为表征指标奠定基础。分析的出发点是建立压制干扰的近似统计特性，经过中频、数字下变频等处理，干扰信号可以建模为

$$\begin{cases} \bar{J}_{\mathrm{RF}}(t) = U(t)\exp(\mathrm{j}\phi) \\[6pt] \bar{J}_{\mathrm{AM}}(t) = [U + U(t)]\exp(\mathrm{j}\phi) \\[6pt] \bar{J}_{\mathrm{FM}}(t) = U\exp\left[\mathrm{j}\left(2\pi K_1 \int_0^t u(s)\,\mathrm{d}s + \phi\right)\right] \\[6pt] \bar{J}_{\mathrm{PM}}(t) = U\exp\left[\mathrm{j}(K_2 u(t) + \phi)\right] \end{cases} \tag{3-46}$$

基于干扰信号的统计模型及雷达系统的窄带接收与近线性处理特点，由大数定律出发可以将干扰信号近似为复高斯分布。同时考虑雷达处理的主要环节，即匹配滤波与 MTD，可以获得 PAPR 与信干比之间的重要关系：

$$\mu = 10\lg\left(k \cdot 10^{\frac{\mathrm{SJR}_0}{10}} + 1\right) \tag{3-47}$$

式中：k 表示由雷达系统决定的雷达常数。此关系表明：当信干比非常低时，PAPR 近似为 0，否则，PAPR 与信干比呈线性关系，其中系数由雷达系统决定。

此外，PAPR 还与 CFAR 检测概率存在定量关系。考虑到平方检测器原理，其输入的雷达信号满足指数分布，即

$$f(y;\eta) = \frac{1}{\eta}\exp\left(-\frac{y}{\eta}\right) \quad y \geqslant 0 \tag{3-48}$$

此时,虚警概率可以表示为

$$P_{fa} = \int_{T_d}^{+\infty} f(y;\eta = P_J^2)\mathrm{d}y = \exp(-T_d/P_J^2) \tag{3-49}$$

式中:P_J^2 为干扰信号强度。

据此可以由虚警概率获得检测阈值:

$$T_d = -P_J^2 \cdot \ln P_{fa} \tag{3-50}$$

则检测概率可表示为

$$P_r = \int_{T_d}^{+\infty} f(y;\eta = P_s^2 + P_J^2)\mathrm{d}y = (P_{fa})\left(\frac{P_s^2}{P_J^2} + 1\right)^{-1} \tag{3-51}$$

式中:P_s^2 为目标信号强度。

代入式(3-50)阈值表达式为

$$\ln(P_r) = 10^{-\mu/10} \cdot \ln(P_{fa}) \tag{3-52}$$

式(3-52)表明:当虚警概率给定时,CFAR 检测概率由 PAPR 决定。上述分析表明,在应用层指标 PAPR 可以建立干扰信号信干比与应用层 CFAR 检测性能之间的桥梁,因此可以用作应用层指标。

下面,建立信号层指标与应用层指标间的融合指标。融合参数同样依赖于样本数据,假设 $\mathcal{H}$ 与 $\mathcal{Q}$ 分别表示样本数据对应的信号层与应用层指标数据集,归一化系数分别表示为

$$\begin{cases} H_{max} = \max \mathcal{H} \\ H_{min} = \min \mathcal{H} \end{cases}, \begin{cases} \mu_{max} = \max \mathcal{Q} \\ \mu_{min} = \min \mathcal{Q} \end{cases} \tag{3-53}$$

则对于测试信号的信号层指标与应用层指标可归一化为

$$\begin{cases} \hat{H} = g\left(\dfrac{H - H_{min}}{H_{max} - H_{min}}\right) \\ \hat{\mu} = g\left(\dfrac{\mu_{max} - \mu}{\mu_{max} - \mu_{min}}\right) \end{cases} \tag{3-54}$$

其中

$$g(t) = \begin{cases} 0, t < 0 \\ t, t \in [0,1] \\ 1, t > 1 \end{cases} \tag{3-55}$$

为截断函数,保证取值在 $[0,1]$。融合权重考虑变异系数为

$$\begin{cases} w_H = \sigma_H / \overline{H} \\ w_\mu = \sigma_\mu / \overline{\mu} \end{cases} \tag{3-56}$$

变异系数可以避免指标量纲的影响,则融合表征指标为

$$F = \frac{w_H}{w_H + w_\mu}\hat{H} + \frac{w_\mu}{w_H + w_\mu}\hat{\mu} \qquad (3-57)$$

此时,建立了信号层与应用层融合指标。

3.4.2　分析验证

下面验证方法的性能,首先检验 RTFA 的时频表示能力。对于给定的包含 4 个目标的雷达回波,其不同方法的时频分布如图 3-23 所示。

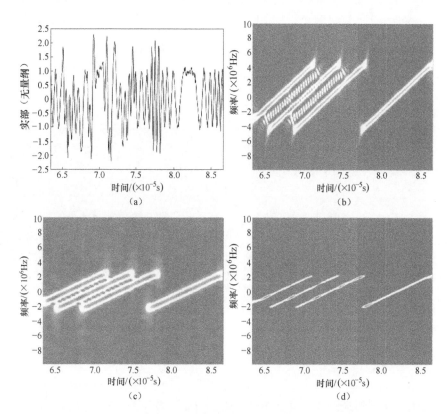

图 3-23　(见彩图)原始 LMF 信号与不同方法下的时频图
(a)回波;(b)SPWV;(c)STFT;(d)RTFA。

由图 3-23 可以发现,平滑伪魏格纳分布时频分辨率较高,但存在严重的交叉项,短时傅里叶变换时频分辨率较低,经 RTFA 得到的时频图不仅分辨率超过平滑伪魏格纳分布与短时傅里叶变换,同时避免了交叉项的干扰,此外信号带宽设计为 5MHz,平滑伪魏格纳分布误差较大,已经将近 10MHz,而 RTFA 与短时傅里叶变换

精度较高。因此，RTFA 在时频分析的准确性方面具有显著优势。对于射频干扰下的时频信号与其时频图(图 3-24)同样可以发现相似的特点，此外，还可以发现雷达的窄带特性，以及 RTFA 对干扰主要模式的提取与分析。

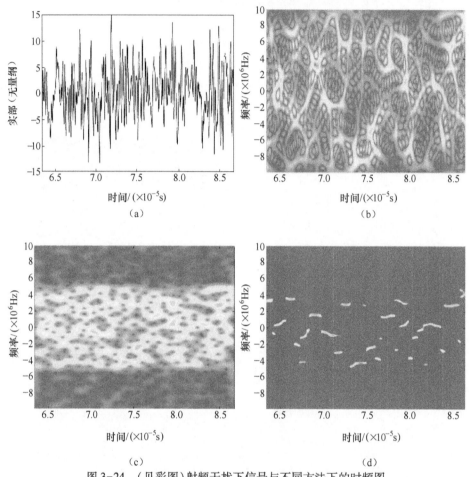

图 3-24　(见彩图)射频干扰下信号与不同方法下的时频图
(a)Echo；(b)SPWV；(c)STFT；(d)RTFA。

利用二维图形熵计算时频图的表征指标 H，结果如图 3-25 所示。由图可知，经过 RTFA 获得的指标在不同压制干扰下(具有相同的强度)更加稳健。这也间接验证了不同压制干扰的复高斯分布，为统一表征 4 类压制干扰对雷达性能影响提供了基础。

进一步，分析验证 PAPR 的表征能力。当干扰不存在时，雷达接收信号及相关处理得到的结果如图 3-26 所示。其中，仅考虑一个目标，其设计多普勒频率与估计多普勒频率一致。

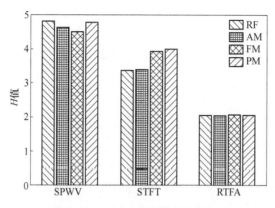

图 3-25　不同时频图的表征指标 *H*

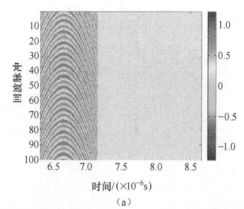

（a）

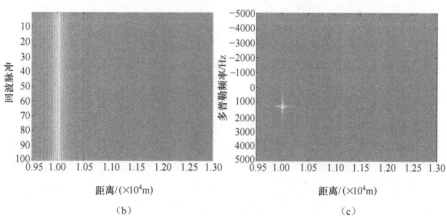

（b）　　　　　　　　　　　　　　　　（c）

图 3-26　（见彩图）无干扰时雷达处理结果

（a）原始回波；（b）匹配滤波结果；（c）MTD 结果。

当存在干扰时,雷达处理结果如图 3-27 所示。从雷达回波时域图上很难看出目标波形,即目标回波已经被干扰完全掩盖。经过匹配滤波,能够隐约发现距离向的目标,这说明匹配滤波已经提高了信干比。再经过 MTD,点目标更加明显,能够完全检测出来,这说明 MTD 同样进一步提升了目标的信干比。

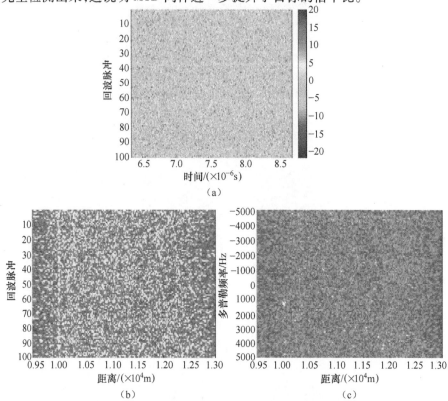

图 3-27 （见彩图）存在干扰时雷达处理结果

(a)原始回波;(b)匹配滤波结果;(c)MTD 结果。

上述为定性分析结果,下面进行定量分析。为了验证上述重要结论,不同信干比下的 PAPR 值如图 3-28 所示。其中理论曲线表明,当信干比较低时,PAPR 近似为零,反之呈线性关系。4 类干扰得到的曲线基本相似,在前一段与理论曲线拟合较好,但后一段趋于平缓,与理论曲线拟合误差较大,原因在于此时雷达接收端的高斯白噪声起主导作用,降低了 PAPR 值。

关于 PAPR 与检测概率间的关系,由于理论分析已经较为充分,在此不做具体验证。下面直接进行融合指标与检测性能的一致性分析,进而说明融合指标的可行性。同样分析了压制干扰下不同信干比对应的融合指标值,如图 3-29 所示。

同时,将其相关系数列于图 3-30 中,可以发现融合指标与检测性能的相关系

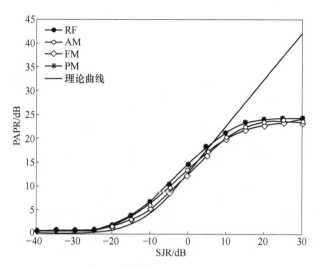

图 3-28 不同信干比(STR)下的 PAPR

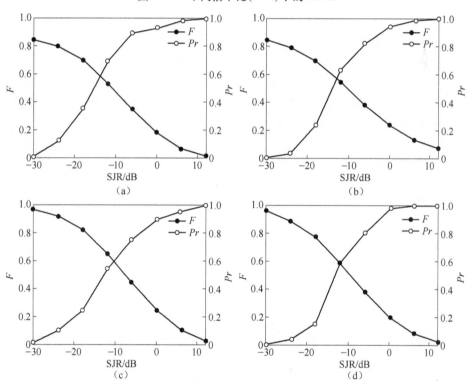

图 3-29 不同信干比(SJR)下的融合指标

(a)RF；(b)AM；(c)FM；(d)PM。

数接近于-1,具有更高的一致性。

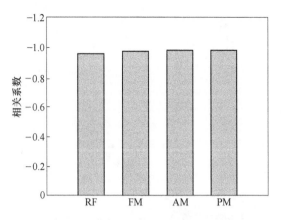

图 3-30　不同压制干扰下的相关系数

3.5　小结

效应是电磁环境对电子信息系统的影响,对这种影响进行定量描述就是效应表征。本章分别介绍了基于领域知识与机器学习的效应表征方法,这两种方法优势互补,在实际的工程实践中可视具体情况合理选择和综合运行。

第4章
特征选择与离散量化方法

基于贝叶斯网络的效应机理研究要求训练数据必须为有效状态数组成的训练集,必须将原始环境要素与效应特征数据进行特征融合、选择和空间划分。本章介绍基于流行学习的特征降维方法以及均匀划分、非均匀划分的特征空间划分方法。

4.1 特征选择方法

特征选择(feature selection)也称特征子集选择(feature subset selection,FSS)或属性选择(attribute selection),是指从全部特征中选取一个特征子集,使构造出来的模型更好。特征选择可以去除冗余特征,降低特征数量,实现特征简化,降低特征维度,是精简环境要素参数与效应特征空间、提升指标表征效能的重要途径。本书提出基于流形学习的特征选择方法,首先通过特征子空间估计获取原特征所在的内蕴子空间,进而通过评价特征对子空间的保持能力实现特征的选择。

4.1.1 典型流形学习算法

根据图论相关理论,均匀、平滑的数据结构是一种隐藏并嵌入于高维欧式空间中的低维流形。流行学习算法的目的是寻求相关映射并挖掘出嵌入到高维欧式空间中的低维数据结构。据此可实现数据的压缩及可视化等目标。它是以现实事物具有一定几何结构为启发点,力求探究非线性数据在低维空间和高维空间之间的相互关系,从而找到在高维空间和在低维空间数据所具有的某种共有特性及规律。典型流形学习包括等距映射算法和局部线性嵌入算法。

1. 等距映射算法

等距映射算法(ISOMAP)是 Tenenbaum 等于 2000 年在《科学》杂志上首次提出的一种能够处理非线性数据集的非线性降维方法。其基本思想是从全局角度出发,用测地距离度代替传统的欧氏距离来度量高维空间中数据之间的距离,测地距离的优点是最大限度地、真实地保持高维空间中各数据点间的几何属性,其他过程和传统的 MDS 降维过程类似。最终获得能保持数据间测地距离不变的低维流形结构嵌入。

测地距离是流行学习的基础,根据欧式距离与测地距离的概念,其示意图如图 4-1 所示。实线表示两点之间的测地距离,其为一曲线段;虚线表示这两点间的欧式距离,其为一直线段。可以形象的拿地球作为参考对象,两点之间的距离是经线经过两点之间的弧线段的长度,此线段恰好是飞机所飞行的最短距离,而非两点之间的直线段的长,所以测地距离更能真实地反映数据之间的真实距离,即测地距离能较好地表达出真实数据间的真实空间结构及数据特性。

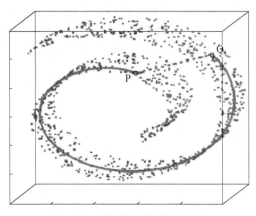

图 4-1　测地距离与欧氏距离

多维尺度变换是一种能够保持数据间差异性(或相似性)的非线性降维方法,其主要目的是使高维空间中数据间的结构映射到低维空间中时,仍然具有保持相应数据结构的特性,即在高维空间中相邻的两个数据点,当映射到低维空间时仍然相邻,远离的点仍然远离。MDS 算法最终的结果可以转化为寻求数据结构的低维嵌入坐标。然而,此过程的一个缺点是无法直接获得数据集从高维空间到低维空间的映射函数,进而对新增样本的泛化能力表现不足。

ISOMAP 的计算过程:①确定邻域值,构建邻域图;②计算数据点间的最短距离;③应用 MDS 算法计算低维嵌入;④对矩阵进行特征值分解,得到特征值矩阵和特征向量矩阵,获得低维嵌入。

ISOMAP 所存在的缺点如下。

(1) ISOMAP 要求嵌入高维空间中的低维子流行是一个具有凸形结构的数据集,否则会导致嵌入结果不准确。

(2) ISOMAP 适合于均匀、平滑的数据集。当数据不均匀或稀疏时,计算测地距离时会产生较大误差,从而导致"孔洞"现象的出现。

（3）ISOAMP 算法对邻域值具有依赖性。

（4）无法得到数据集从高维降到低维空间时的映射函数。

（5）计算复杂度较高，所需时间较长。

（6）对噪声比较敏感。

2. 局部线性嵌入算法

局部线性嵌入（LLE）算法是 Roweis 和 Saul 于 2000 年在《科学》杂志杂志上提出的另一种经典的非线性降维算法。其主要思想是假定每个数据点与它的近邻点在局部邻域内具有和数据在高维光滑流形的局部线性流形低维嵌入的相同特性,其数据点从高维空间嵌入低维空间时可以通过其邻域点来线性重构及表示。该算法用两数据点间的权重来保证数据间结构的相似性,即对于在高维观测空间中的每个数据点间的连接权重与当它们嵌入低维空间时具有相同权重,在这种理论框架下能够保证局部数据间的流形结构的完整性及相似性。其主要降维过程如图 4-2 所示。

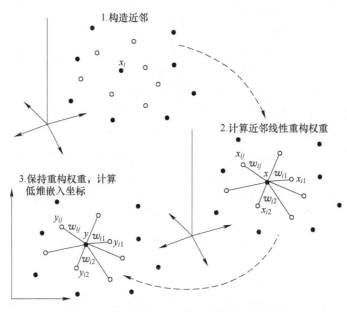

图 4-2 （见彩图）LLE 算法降维过程示意图

LLE 算法主要的降维步骤如下：①用 k 近邻法或半径法确定点的近邻 k 值；②计算每个数据点与近邻点之间的线性重构权矩阵；③保持线性重构权矩阵不变,为了使数据在低维空间时的重构误差最小,通过优化问题求解稀疏矩阵的特征值与特征向量来解决。

LLE 算法的优缺点如下。

（1）将最终结果的求解问题化为求解一个稀疏矩阵的特征值和特征向量问

题,减少了计算的复杂度和内存的存储空间,并且具有平移、旋转、伸缩不变性等特点。

（2）LLE 算法对噪声和邻域值比较敏感。

（3）LLE 算法是用局部线性思想来处理非线性数据结构的算法,故对数据间的局部结构保持约束力较强,却对数据的全局结构的保持能力较差。

通过上述分析可知,ISOMAP 算法最主要的特点是基于对数据集全局考虑,对数据的全局结构保持能力较强,而 LLE 算法恰好相反,对数据集的局部结构保持能力较强。下面针对上述方法的问题在特征子空间估计中予以解决。

4.1.2　改进流形学习算法

改进流形学习方法主要提升在于子空间维度估计及利用测地距离代替传统欧式距离,使子空间估计更加准确。

首先预先估计子空间维度。具体来说,给定一个来自高维空间的样本,降维问题的一个中心任务和重要内容就是通过这些样本数据来确定这个高维结构的本征维数。在实际中由于各种因素的影响,如观察噪声、测量工具的不完善、不相关因素的干扰等,使我们观察到的现象会表现出更多的自由度。如果假设这些影响并不足以掩盖原来的真实结构,那么我们有可能把它们"过滤"掉以更好地发现隐藏在观察值下的真实变量(称为"隐变量")。但是,要想通过观察数据得到十分准确的本征维数非常的困难,我们得到的只能是本征维数的估计值。从实用的角度来看,降维的出发点是简化高维数据的表示,在保留原结构信息的条件下尽可能地降低数据维数,因而对于本征维数不一定要求估计非常的精确,能够显著的降低维数为我们后续工作提供便利,就是令人满意的选择。需要注意的是,"本征维数估计"这个提法本身就不够严格,因为在几乎所有情况下,我们用以估计本征维数的观察数据是高维空间中有限个离散的向量,估计的结果依赖于不同的人对于各自的不同问题所使用的不同的准则,诸如流形的光滑性、噪声的影响大小等,因此对于同样的数据很可能得出不同的结果。在高维数据处理领域中,本征维数的寻求具有极高的重要性和迫切性。一方面,对于降维问题而言,本征维数是一个需要估计的未知量,如果我们能够相当准确地找到高维数据的本征维数,那么无疑对降维处理有着重要的指导意义。目前,所有的降维方法都把本征维数当作需要使用者事先提供的参数。另一方面,准确的本征维数估计也可以帮助在数据处理过程中选取合适的邻域大小,以避免"维数祸根"。因此,在目前高维数据处理的研究领域中,本征维数估计的问题与降维方法的研究问题都是同等重要的开放性课题。

特征值方法是本征维数估计的主流,最早是 R. S. Bennett 于 1969 年提出的,后来又相继出现了一些改进形式,如 K. Fukunaga 于 1971 年提出的估计方法,

C. K. Chen 于 1974 年针对非线性模型提出的改进,J. Bruske 于 1998 年提出的最佳拓扑等距映射方法等。此类方法实际上都是在整体或局部应用 PCA 方法探求数据的本征结构,根据对数据的协方差矩阵的特征值进行分析,由绝对重要的特征值个数来决定数据的本征维数。显然,整体 PCA 方法对于非线性流形估计的效果不好,而局部 PCA 方法则严重依赖于局部邻域和阈值的选择。我们在此考虑基于 LLE 算法的子空间维度估计。下面首先考虑 LLE 算法的具体过程,其也是测地距离的具体应用方法之一。

对于原始数据 $\{x_1, x_2, \cdots, x_N\} \subset \boldsymbol{R}^D$,其权重系数可以通过下面优化问题获得:

$$
\begin{cases}
\min_{W \in \boldsymbol{R}^{N \times N}} \quad \sum_{i=1}^{N} \parallel x_i - \sum_{j=1}^{N} w_{ij} x_j \parallel_2^2 \\
\text{s. t.} \quad \sum_{j=1}^{N} w_{ij} = 1 \\
w_{ij} = 0, j \notin \Gamma_i, i = 1, 2, \cdots, N
\end{cases}
\tag{4-1}
$$

通过拉格朗日乘子法可以获得系数的估计值 $\hat{w}_{ij}$,进而为了保持空间结构,降维后的数据需要满足

$$
\begin{cases}
\min_{y_1, y_2, \cdots, y_N \in \boldsymbol{R}^{\hat{d}}} \quad \sum_{i=1}^{N} \parallel y_i - \sum_{j=1}^{N} \hat{w}_{ij} y_j \parallel_2^2 \\
\text{s. t.} \quad \sum_{i=1}^{N} y_i = 0, \\
\sum_{i=1}^{N} y_i y_i^{\mathrm{T}} = N \boldsymbol{I}_{\hat{d}}
\end{cases}
\tag{4-2}
$$

式中: $\boldsymbol{I}_{\hat{d}} \in \boldsymbol{R}^{\hat{d} \times \hat{d}}$ 为单位矩阵; $Y = [y_1, y_2, \cdots, y_N]^{\mathrm{T}} \in \boldsymbol{R}^{N \times \hat{d}}$ 为降维后的数据; $\hat{d}$ 为子空间维度。

上述问题等价于:

$$
\begin{cases}
\min_{Y \in R^{N \times \hat{d}}} \quad \mathrm{Tr}(\boldsymbol{Y}^{\mathrm{T}} \boldsymbol{R} \boldsymbol{Y}) \\
\text{s. t.} \quad \boldsymbol{Y}^{\mathrm{T}} \boldsymbol{Y} = N \boldsymbol{I}_{\hat{d}}
\end{cases}
\tag{4-3}
$$

其中

$$
\boldsymbol{R} = (\boldsymbol{I}_N - \hat{\boldsymbol{W}})^{\mathrm{T}} (\boldsymbol{I}_N - \hat{\boldsymbol{W}})
\tag{4-4}
$$

因此,上述优化问题的解等价于求取特征方程

$$
\boldsymbol{R} \boldsymbol{Y} = \lambda \boldsymbol{Y}
\tag{4-5}
$$

的解,即 $\boldsymbol{R}$ 对应的特征值与特征向量。

从所述的 LLE 算法降维过程可以看出, $\mathrm{Tr}(\boldsymbol{Y}^{\mathrm{T}} \boldsymbol{R} \boldsymbol{Y})$ 描述了数据集 $\boldsymbol{Y}$ 中的点用

它的邻域近似表达的程度,或说数据集 Y 自逼近的程度。由于 R 是通过原始数据 $\{x_1, x_2, \cdots, x_N\} \subset \mathbf{R}^D$ 得到的,为了在低维空间中重现数据集 X 的拓扑关系,我们自然要求 $\mathrm{Tr}(Y^{\mathrm{T}}RY)$ 最小化,即自逼近程度越好越可反映 X 的原有拓扑关系。下面,我们引入自逼近度的概念来具体量化数据集的这种自逼近的程度。对于固定的给定的低维子空间 d,定义 $\mathrm{Tr}(Y^{\mathrm{T}}RY)$ 为 Y 在 d 下的自逼近度,可以发现该函数等于 R 的前 d 个最大特征值。因此,选择适合的阈值通过特征值的选择可以确定子空间的维度 d。

另外,在流形学习使用的距离方面,我们引入测地距离代替传统欧式距离,用来估计流形学习的最近邻域,增强空间结构估计的准确性。具体实现时,考虑从某顶点出发,沿图的边到达另一顶点所经过的路径中,各边上权值之和最小的一条路径称为最短路径,即测地距离。解决最短路径的问题有 Dijkstra 算法、Bellman-Ford 算法、Floyd 算法和 SPFA 算法等。最短路径问题是图论研究中的一个经典算法问题,旨在寻找图(由节点和路径组成的)中两结点之间的最短路径。确定起点的短路径问题,即已知起始节点,求最短路径的问题。其适合使用 Dijkstra 算法。Dijkstra 算法又称迪杰斯特拉算法,是一个经典的最短路径算法,主要特点是以起始点为中心向外层层扩展,直到扩展到终点为止,使用了广度优先搜索解决赋权有向图的单源最短路径问题,算法最终得到一个最短路径树。时间复杂度为 $O(N^2)$。给定具有节点 $\{x_m\}_{m=1}^{M}$ 的图 G,则图上两点的距离为

$$L_G(x_1, x_M) = \sum_{m=1}^{M-1} \| x_m - x_{m+1} \|_2 \tag{4-6}$$

对于任给两点可定义测地距离为

$$d_G(x, y) = \min_{x, y \in G} L_G(x, y) \tag{4-7}$$

测地距离示例如图 4-3 所示。

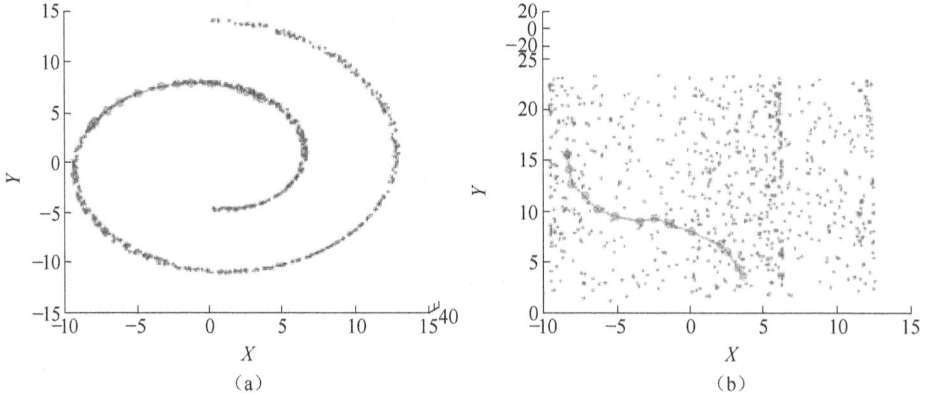

图 4-3　(见彩图)测地距离示例

在改进了空间度量与子空间维度估计之上,可以采用前述流形学习方法进行原始特征的内蕴空间估计,为下面特征评价提供条件。

4.1.3 特征评价

特征选择的核心在于特征评价,评价函数的作用是评价产生过程所提供的特征子集的好坏。下面简单介绍常见的评价函数。

1. 相关性

运用相关性来度量特征子集的好坏是基于这样一个假设:好的特征子集所包含的特征应该是与分类的相关度较高(相关度高),而特征之间相关度较低(冗余度低)。可以使用线性相关系数(correlation coefficient)来衡量向量之间线性相关度。

2. 距离

运用距离度量进行特征选择是基于这样的假设:好的特征子集应该使属于同一类的样本距离尽可能小,属于不同类的样本之间的距离尽可能远。常用的距离度量(相似性度量)包括欧几里得距离、标准化欧氏距离、马氏距离等。

3. 信息增益

信息熵有如下特性:若集合的元素分布越"纯",则其信息熵越小;若分布越"紊乱",则其信息熵越大。在极端的情况下,若只能取一个值,即熵最小值零;反之,若各种取值出现的概率都相等,则熵取最大值。假设存在特征子集 A 和特征子集 B,分类变量为 C,若 $IG(C|A)>IG(C|B)$,则认为选用特征子集 A 的分类结果比特征子集 B 好,因此倾向于选用特征子集 A。

4. 一致性

若样本 1 与样本 2 属于不同的分类,但在特征子集 A、B 上的取值完全一样,那么特征子集 $\{A,B\}$ 不应该选作最终的特征集。

5. 分类器错误率

使用特定的分类器,用给定的特征子集对样本集进行分类,用分类的精度来衡量特征子集的好坏。

以上 5 种度量方法中,相关性、距离、信息增益、一致性属于筛选器,而分类器错误率属于封装器。筛选器由于与具体的分类算法无关,因此其在不同的分类算法之间的推广能力较强,而且计算量也较小。而封装器由于在评价的过程中应用了具体的分类算法进行分类,因此其推广到其他分类算法的效果可能较差,而且计算量也较大。

为此,考虑基于流形学习的特征评价方法,从上节的特征子空间估计结果出发,建立评价特征对空间结构保持能力的函数。假设原始特征为 X,估计的特征子

空间为 $\hat{Y}$，表示系数矩阵为 S，则逼近项为

$$\min_{S \in \boldsymbol{R}^{D \times \hat{d}}} \| \hat{Y} - XS \|_2^2 \tag{4-8}$$

由于特征选择建立的前提是部分特征冗余，因此系数表示矩阵某些行应该为零向量，因此系数表示矩阵具有稀疏特性，此时优化函数可写为

$$\min_{S \in \boldsymbol{R}^{D \times \hat{d}}} \| \hat{Y} - XS \|_2^2 + \eta \| S \|_{2,1} \tag{4-9}$$

式中：$\eta(\eta > 0)$ 为模型参数，则

$$\| S \|_{2,1} = \sum_{i=1}^{D} \sqrt{\sum_{j=1}^{\hat{d}} |s_{ij}|^2} \tag{4-10}$$

假设模型的解为 $\hat{S} = [\hat{s}_1, \hat{s}_2, \cdots, \hat{s}_D]^{\mathrm{T}}$，则指标的评价函数可以建立为

$$\mathrm{Eva}_i = \| \hat{s}_i \|_2 \tag{4-11}$$

通过评价函数可以选择具有最大值的 d 个特征，实现特征的选择，选择的特征能够最大限度地保持原空间的结构，同时去除冗余特征，为后续雷达系统干扰效能分析提供条件。

4.2 特征空间划分方法

贝叶斯网络能够正确表征变量之间的条件独立性关系，一个重要的前提是用于建模数据能够表征变量的真实概率分布。由概率统计学理论可知，当样本趋于无穷大时，样本的分布能够收敛于变量对应的真实分布。在实际问题中，我们不可能得到无穷大的样本量，那么构建一个可用的贝叶斯网络需要多少数据呢？这是一个非常复杂的数学问题，一些学者就此问题进行了一些研究，现将其中部分结论以定理形式给出。

定理 4-1 设 G 为要构建的贝叶斯网络网络结构，P^* 为符合某一结构 G^* 的参数分布，同时针对网络中所有的变量都满足 $P^*(x_i \mid pa_i^{G^*}) > \lambda$，如果通过最大似然估计求出 G 上的参数分布为 P，则

$$M \geqslant \frac{1}{2} \frac{1}{\lambda^{2(d+1)}} \frac{(1+\varepsilon^2)}{\varepsilon^2} \log \frac{nK^{d+1}}{\delta} \tag{4-12}$$

故

$$P(\mathrm{KL}(P^* \| P) - \mathrm{KL}(P^* \| P_{\theta^{\mathrm{opt}}}) < n\varepsilon) > 1 - \delta \tag{4-13}$$

式中：M 为样本数量；K 为变量的最大状态数；d 为最大父节点数；ε 为每个变量对应参数的 KL（Kullback-Leibler）误差；n 为网络的变量数；λ 为网络中参数的下限；δ 为置信度。

定理 4-2　设贝叶斯网络 G 结构已知,且所有变量均为离散变量,如果通过最大似然估计求出 G 上的参数分布为 P,则

$$M \geqslant \frac{288 \times 2^K}{\varepsilon^2} \ln^2\left(1 + \frac{3}{\varepsilon}\right) \ln\left[\frac{18n \times 2^K \ln\left(1 + \frac{3}{\varepsilon}\right)}{\varepsilon\delta}\right] \qquad (4\text{-}14)$$

故

$$P\left(\mathrm{KL}(P \parallel P_{\theta^{\mathrm{opt}}}) < n\varepsilon\right) > 1 - \delta \qquad (4\text{-}15)$$

式中:ε 为每个变量对应参数的 KL 误差;K 为变量的最大状态数;n 为网络的变量数;δ 为置信度。

从定理 4-1 和定理 4-2 可知,学习网络所需的样本数据量是一个相对量,它跟所要构建网络的复杂度、学习精度和置信度密切相关。为了进一步理解定理 4-1 和定理 4-2,下面给出几组计算结果。

当网络节点数为 6 和 8 时,$\varepsilon \in [1,5]$,$K=2$,$\lambda=0.3$,$\delta=0.05$,$d=2$,利用定理 4-1 和定理 4-2 计算所需样本数据量,如图 4-4 和图 4-5 所示。

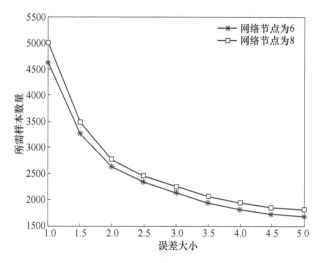

图 4-4　结构未知时样本数据量与误差之间的关系图

从图 4-4、图 4-5 可以看出,随着误差的增大,所需的样本数据量不断减少。虽然这里只计算了网络节点个数对样本数据量的影响,但从一定程度上说明网络结构复杂度越小所需样本量越少。通过分析可以确定:构建网络所需的样本数据量是一个相对量,它受很多因素的影响,所以在贝叶斯网络学习领域中所说的充分和不充分都是一个相对量。针对我们要研究的复杂电磁效应机理这个具体问题,构建贝叶斯网络所需的样本数据量同样与模型的复杂度、建模误差和置信度密切相关。影响模型复杂度的因素包含网络节点个数、节点状态数,建模误差是指所得

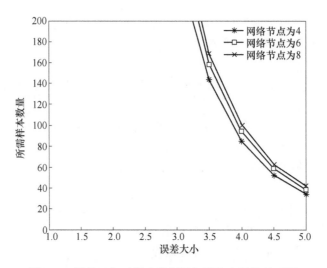

图 4-5 结构已知时样本数据量与误差之间的关系图

贝叶斯网络的分布与真实分布的 KL 距离。

无论是人工提取的特征还是机器学习获得的特征,其在特征空间中呈现出离散的多点分布,考虑到在相同的贝叶斯网络推理精度下,网络节点的状态数越多,需要的样本量越大(指数级的增加)。因此,需要对特征空间进行有限状态数的划分,以降低对样本数据量的要求。下面介绍两类划分方法——人为指定(如均匀划分、非均匀划分)和聚类分析(K 均值分析)。

4.2.1 均匀划分

人为指定的划分方式可以充分发挥研究人员的经验知识和对数据的理解,且有利于后续的推理分析。这里以均匀划分为例进行说明。

对于效应特征 X,设 Ω 为效应特征空间,$K_{\max}$ 为特征最大取值,$K_{\min}$ 为特征最小取值,N 为状态数,那么,对于特征取值 x 所属状态为 S_x:

$$
S_x = \begin{cases}
1, K_{\min} \leqslant x < K_{\min} + \dfrac{(K_{\max} - K_{\min})}{N} \\[2mm]
2, K_{\min} + \dfrac{(K_{\max} - K_{\min})}{N} \leqslant x < K_{\min} + \dfrac{(K_{\max} - K_{\min})}{N} \times 2 \\[2mm]
\vdots \qquad\qquad\qquad\qquad \vdots \\[2mm]
N, K_{\min} + \dfrac{(K_{\max} - K_{\min})}{N} \times (N-1) \leqslant x < K_{\min} + \dfrac{(K_{\max} - K_{\min})}{N} \times N
\end{cases}
$$

(4-16)

把输入信号的取值域按等距离分割的量化称为均匀量化。在均匀量化中,每个量化区间的量化值均取在各区间的中点。其量化间隔取决于样值取值的变化范围和量化级。在一定的取值范围内,均匀量化的量化误差只与量化间隔有关。一旦量化间隔确定,无论抽样值大小,均匀量化噪声功率都是相同的。增大量化级,减小量化间隔,则量化误差会减小。但在实际中,过多的量化级将使系统的复杂性大大增加。图4-6所示为均匀量化的示意图。其量化方法如下。

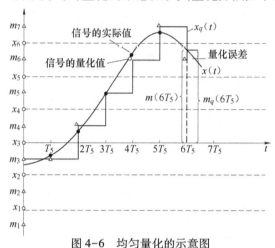

图4-6　均匀量化的示意图

步骤1:设$\{s(k)\}$表示信号的幅度频谱($k = 1,2,\cdots,N$,N为信号数据长度),对$\{s(k)\}$进行量化编码。

步骤2:假设量化级数为L,令$a = \max\{s(k)\}$表示信号幅度频谱的最大值,在$(0,a]$的区间上把$\{s(k)\}$分成L层,则

$$\begin{cases} r(k) = j, \dfrac{a \times j}{L} < s(k) \leqslant \dfrac{a \times (j+1)}{L}, j = 0,1,\cdots,L-1 \\ r(k) = 0, s(k) = 0 \end{cases} \tag{4-17}$$

式中:$\{r(k)\}$表示$\{s(k)\}$量化后具有L个符号的数字序列。具体算法流程图如图4-7所示。

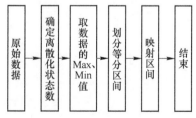

图4-7　均匀离散化算法流程图

4.2.2 非均匀划分

干扰信号,尤其是压制式干扰会导致雷达接收的回波信号动态范围大,此时均匀划分法便不再适合,需要采用非均匀量化方法。非均匀量化是一种在整个动态范围内量化间隔不相等的量化。换言之,非均匀量化是根据输入信号的概率密度函数来分布量化电平,以改善量化性能。其特点是,输入小时,量阶也小;输入大时,量阶也大。

在均匀量化中,量化级级越大,量化误差越小,量化后信号越逼近原信号。人们希望减小误差,又不希望过多增加量化级。在均匀量化中信号幅值大的信号(干扰信号)与信号幅值小的信号(目标信号)的绝对量化误差是相同的,同样大的噪声对大信号影响可能不大,但是对小信号可能造成严重后果,小信号的量化信噪比就难以达到给定的要求。因此采用非均匀量化的方法提高小信号的信噪比,又不过多增加量化级。

对输入信号进行量化时,大的输入信号采用大的量化间隔,小的输入信号采用小的量化间隔,这样就可以在满足精度要求的情况下使用较少的位数来表示。它与均匀量化相比,有两个主要优点。

(1)当输入量化器的信号具有非均匀分布的概率密度(实际中常常是这样)时,非均匀量化器的输出端可以得到较高的平均信号量化噪声功率比。

(2)非均匀量化时,量化噪声功率的均方根值基本上与信号取样值成比例。因此量化噪声对大、小信号的影响大致相同,即改善了小信号时的量化信噪比。

在实际应用中,主要采用非均匀量化器中的对数量化器。从统计信号角度看,雷达信号是非平稳的,在复杂电磁环境下,干扰信号比有时会非常的大。对数量化适用动态范围大,可直接用于雷达信号的量化。非均匀量化原理是用一个非线性电路将输入电压 x 变换成输出电压 y:$y = C(x)$。非均匀量化是根据信号的不同区间来确定量化间隔的。非均匀量化使压缩特性在原点附近为线性的,而对于大的输入样点值具有对数压缩特性。非均匀量化特性曲线及量化误差示意图如图 4-8 所示。

$$C(x) = \begin{cases} \dfrac{Ax}{1 + \ln A}, 0 \le x \le \dfrac{1}{A} \\[2ex] \dfrac{1 + \ln Ax}{1 + \ln A}, \dfrac{1}{A} < x \le 1 \end{cases} \qquad (4\text{-}18)$$

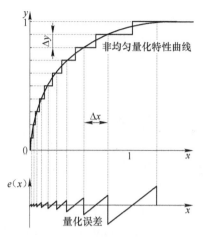

图 4-8　（见彩图）非均匀量化特性曲线及量化误差示意图

4.2.3　K 均值聚类

人为指定划分方法简单且易理解，但难以充分考虑数据本身的分布情况，可采用聚类分析方法对数据进行自动划分，如聚类分析。聚类是一种机器学习技术，它涉及数据点的分组。给定一组数据点，我们可以使用聚类算法将每个数据点划分为一个特定的组。理论上，同一组中的数据点应该具有相似的属性和特征，而不同组中的数据点应该具有高度不同的属性和/或特征。

针对传统聚类算法中的 K 均值算法，在初始聚类中心选择、聚类中心数目估计、聚类中心位置估计等方面进行改进，进而提升聚类效果，增强特征划分的数据适应性，减少划分误差。

针对聚类算法过程中存在的初始中心分散度低、中心选取对人工依赖较大等问题，提出一种基于密度的初始聚类中心选择方法，改进后的算法可以选择出相对分散、代表性强的样本作为最佳初始聚类中心。定义数据密度表达式为

$$\mathrm{dsy}(x) = \#\{x_i \mid |x_i - x| < d_0\} \tag{4-19}$$

式中：d_0 为距离阈值。

定义集合：

$$\Omega = \{x \mid \mathrm{dsy}(x) > k_0, x \in P\} \tag{4-20}$$

同时令预选初始聚类中心集合 $\Pi = \varnothing$，则选取步骤如下：

（1）选择 Ω 中密度最大的点，添加到 Π 中；同时从 Ω 中去除该点。

（2）选择第二个点：

$$x = \arg \max \{ \ \mathrm{dis}(x, \varPi), x \in \varOmega \} \tag{4-21}$$

式中：$\mathrm{dis}(x, \varPi) = \min\{ |x - y|, y \in \varPi \}$；并添加到 $\varPi$ 中，同时从 $\varOmega$ 中去除该点。

（3）重复步骤（2），直到满足要求为止。

基于密度的初始聚类中心选取可以有效增强，聚类算法的收敛速度与聚类效果，此外，考虑聚类中心数目与聚类中心位置联合优化策略。定义聚类误差为

$$\mathrm{SSE}(K) = \sum_{k=1}^{K} \left(\sum_{x_i \in C_k} |x_i - x_k^c|^2 \right) \tag{4-22}$$

式中，K 为聚类中心数目；$\{x_k^c\}_{k=1}^{K}$ 与 $\{C_k\}_{k=1}^{K}$ 分别为 K 个聚类中心位置及属于相应类别的样本数据集，通过极小化聚类误差可以交替优化聚类中心位置及调整各类所有的样本数据。

首先对于给定的聚类中心位置，优化其所有的样本数据：

$$C_k = \{x \in P \parallel x - x_k^c \mid \ = \min\{|x - x_i^c|, i = 1, 2, \cdots, K\} \} \tag{4-23}$$

其次，对于给定的各类所有的样本数据，优化聚类中心位置：

$$x_k^c = \frac{1}{|C_k|} \sum_{x \in C_k} x, k = 1, 2, \cdots, K \tag{4-24}$$

交替优化式（4-23）、式（4-24）可以得到聚类中心位置与其所有的样本数据。

注意，聚类误差函数同时还是关于聚类中心数目 K 的函数，通过理论分析可知，其随着 K 值增大而降低，但随着 K 增大到真值附近，函数值增大速度将大大下降，因此可以由此估计 K 的取值。事实上，可以将 K 的估计加入上述聚类中心位置与其所有样本数据的交替优化之中，形成三者的交替优化，直到函数（聚类误差）不再显著下降。

4.2.4 不同划分方法精度对比分析

均匀划分和 K 均值划分方法建模进度分析如表 4-1、表 4-2 所列。分析的训练集规模为 20000 个，测试集规模为 2000 个。

表 4-1 均匀离散化后的模型推理精度

均匀离散化状态数	2	3	4	5	6	7
建模精度	0.890162	0.887123	0.883923	0.882417	0.880148	0.870127

表 4-2 K 均值离散化后的模型推理精度

K 均值离散化状态数	2	3	4	5	6	7
建模精度	0.887212	0.809135	0.510942	0.386865	0.315077	0.272558

从表 4-1、表 4-2 可以看出,均匀离散化方法的推理精度要优于 K 均值离散化方法,均匀离散化的推理精度随着离散化的状态增加下降得比较缓慢,而 K 均值离散化方法随着状态数的增加推理精度下降极快。

4.3 小结

将试验数据离散量化是贝叶斯网络建模的前提,本章在介绍基于改进流形学习特征选择方法的基础上,介绍了均匀划分、非均匀划分及 K 均值聚类划分方法,并对比了不同划分方法对网络建模推理精度的影响

第5章
效应机理贝叶斯网络建模与推理分析

将贝叶斯网络理论应用于雷达系统效应机理研究,在准备试验数据及特征量化的基础上需要完成两个主要工作:一是利用贝叶斯网络结构学习和参数学习算法,建立面向雷达系统复杂电磁环境效应机理研究的贝叶斯网络模型;二是利用贝叶斯网络推理算法完成基于"效应-要素"的贝叶斯网络模型的概率推理,获取已知效应时可能要素的后验概率。

5.1　融合领域知识的效应机理贝叶斯网络建模方法

5.1.1　融合领域知识的贝叶斯网络结构学习方法

通过对雷达系统复杂电磁环境效应的研究,发现建立雷达系统贝叶斯网络模型时或多或少依赖于已知规律。传统的贝叶斯网络结构学习算法无法根据已知规律对网络结构进行修改,且只根据仿真或实测数据建立统计模型,对雷达系统构建的模型不具备实际系统中需要的可靠性,可能存在伪边,故传统结构学习算法已无法应用到雷达系统复杂电磁环境效应的场景中。

1. 融合领域知识的雷达效应机理贝叶斯网络结构学习

领域知识是人们对电子信息系统电磁环境效应机理认知的总结,有的来源于科学研究,有的来源于工程实践,需要进行搜集和整理,主要通过查阅文献,或与相关技术人员进行深度沟通来获取。例如,专家经验给出压制干扰功率会影响二级混频器的峰值,或者压制干扰功率与杂波中心频率无关等类似于这样的信息都是非常有价值的领域知识。

利用领域知识优化贝叶斯网络的建模过程,一个重要的步骤是将复杂电磁环境效应的领域知识表示成贝叶斯网络结构和参数约束。根据现有的先验知识,可将结构约束分为边的存在约束、节点序约束、因果关系、祖先约束。边的存在约束是最为常见的约束形式,同时也是最为重要的约束形式。图 5-1 给出了边的存在约束的示意图。假设 a、b、c 为 3 个节点,节点之间的连接关系分为正向连接、反向连接、无连接。如果领域知识给出 a 指向 b 的概率为 3/4、c 指向 b 的概率也是 3/4,那么就可以推导出整个网络中的节点之间的连接概率。

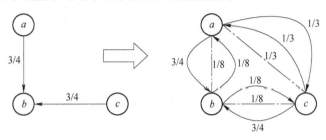

图 5-1　边的存在约束的示意图

本章提出拒绝-接受采样框架,如图 5-2 所示。采样算法拟选择马尔可夫链蒙特卡罗(markov chain monte carlo,MCMC)算法,样本判断条件为多种结构约束。

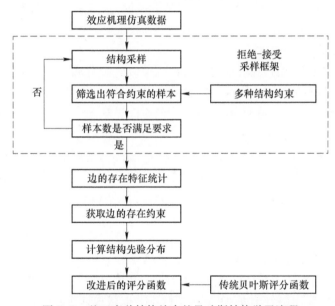

图 5-2　基于多种结构约束的贝叶斯结构学习流程

该方法可分为以下几个步骤:第一步,结合效应机理建模数据并利用 MCMC 方法获得满足后验分布 $P(G\mid D)$ 的结构样本;第二步,利用多种结构约束进行判断,找出符合约束的结构样本集,并判断结构样本集大小是否满足要求,如果不满足,则返回第一步;第三步,利用所得的结构样本集进行特征统计,获取边的存在概率;第四步,利用边的存在概率获得结构先验概率,进而结合传统的贝叶斯评分获得改进后的贝叶斯评分。

1) 结构空间上的马尔可夫链

该方法的重点是如何在结构空间上构造马尔可夫链。其中,马尔可夫链的状态是贝叶斯网络结构空间中的拓扑结构,首先把一个结构转换为另一个结构的局部操作为添加边、删除边和反转边,操作对应的提议分布为 Γ^Q;然后应用 Metropolis-Hastings 接受法则:假设当前状态是 G,并且抽样检查从提议分布到 G' 的转换,最后,以如下概率接受这个转换,即

$$\min\left[1,\frac{P(G',D)\Gamma^Q(G' \to G)}{P(G,D)\Gamma^Q(G \to G')}\right] \tag{5-1}$$

为了确保马尔可夫链是正则的,必须证明结构空间是连通的,即通过一系列操作可以从结构空间中的任何其他结构到达结构空间中的每一个结构,而使用局部操作(添加边、删除边和反转边)恰好很容易确保这一点。使用上述的局部操作还有一个好处,使 $P(G',D)/P(G,D)$ 的计算变得非常高效。需要考虑的最后一个细节就是提议分布 Γ^Q 选择。许多选择都是合理的,使用时最简单且在实践中最常用的一种选择是所有可能操作(不包括那些违反无环性的操作)上的一致分布。

2) 改进 BD 评分算法

受到贝叶斯评分的启发,本书提出将约束以先验分布的形式融入评分函数当中的改进 BD 评分算法。

设整个网络有 m 个变量,G 为其对应的有向无环图,D 为对应的样本数据,r_1, $r_2,\cdots,r_n$ 为专家约束所对应的连接变量,$J = P(r_1,r_2,\cdots,r_n)$ 为联合概率分布。令 C 为连接变量联合分布的某一取值,$R=(r_1,r_2,\cdots,r_n)$,则 $J_C = P(R=C)$,在 m 个变量所对应的解空间中,每一个解唯一确定 C 的取值,求取的评分函数为

$$P(G \mid D,J) = \frac{P(D \mid G,J) \cdot P(G \mid J)}{P(D \mid J)} = \frac{P(D \mid G) \cdot P(G \mid J)}{P(D \mid J)} \tag{5-2}$$

式中:第一个等号由贝叶斯定理可以得到,第二个等号成立是因为当给定 G 时,J 与数据 D 是条件独立的,所以 $P(D \mid G,J) = P(D \mid G)$。

当专家约束和样本数据给定时,$P(D \mid J)$ 就是一个常数,所以要使整个网络的评分最高,只需要使得分子 $P(D \mid G) \cdot P(G \mid J)$ 取最大即可:

$$\begin{aligned} P(G \mid J) &= P(G,C_G \mid J) = P(G \mid J,C_G) \cdot P(C_G \mid J) \\ &= P(G \mid C_G) \cdot P(C_G \mid J) = P(G \mid C_G) \cdot J_{C_G} \end{aligned} \tag{5-3}$$

式中:C_G 为网络空间中某一网络所对应的约束连接变量。C_G 的取值由网络结构 G 唯一确定,其分布由专家经验确定。

因为 C_G 的取值由 G 唯一确定,所以第一个等号成立。根据贝叶斯定理和链式规则可得出式(5-3)中的第二个等号成立。当约束所对应的连接变量取值已知

时,网络结构 G 和连接变量的联合分布条件独立,则式(5-3)中第三个等号成立。在 C_G 已知条件下,某一网络结构 G 的存在概率实际上就是包含这一特定网络子结构的网络存在概率,如果能够得到在整个网络空间中含有这一特定子结构的网络个数 N_C,可得

$$P(G \mid C_G) = \frac{1}{N_C} \tag{5-4}$$

为了表述方便,这里令 $P(C_G \mid J) = J_{C_G}$,进而完整的评分函数可表示为

$$P(G \mid D,J) = \frac{P(D \mid G,J) \cdot P(G \mid J)}{P(D \mid J)} = \frac{P(D \mid G)}{P(D \mid J)} \cdot \frac{J_{C_G}}{N_C} \tag{5-5}$$

由于 $P(D \mid J)$ 为一常量,进而将评分化简为

$$\lg P(G \mid D,J) = \lg P(D \mid G) + \lg P(G \mid J)$$
$$= \lg P(D \mid G) + \lg \frac{J_{C_G}}{N_C} \tag{5-6}$$

上面的评分属于贝叶斯统计评分这一大类,与现有的评分函数(BD 评分)的区别在于结构先验分布不同,BD 评分一般认为结构的先验分布服从均匀分布,而改进的评分函数的结构先验分布不一定服从均匀分布。其中,某一具体网络结构的先验概率是由专家经验决定的。为了方便描述,下面将此评分函数命名为 I_BD评分。其具体表达为

$$S_{得分} = \sum_{i=1}^{n} \sum_{j=1}^{q_i} \left[\lg \frac{\Gamma(\alpha_{ij*})}{\Gamma(\alpha_{ij*} + m_{ij*})} + \sum_{k=1}^{r_i} \lg \frac{\Gamma(\alpha_{ijk} + m_{ijk})}{\Gamma(\alpha_{ijk})} \right] + \lg \frac{J_C}{N_C} \tag{5-7}$$

式中:m_{ijk} 为数据中满足 $X_i = k$,其父节点 $\pi(X_i) = j$ 的样本个数;$m_{ij*} = \sum_{k=1}^{r_i} m_{ijk}$;$\alpha_{ijk}$ 为参数先验分布中的超参数;$\alpha_{ij*} = \sum_{k=1}^{r_i} \alpha_{ijk}$。

专家经验所对应连接变量的联合概率分布为 J_C。假设专家给出 3 个变量 a,b,c 之间的约束模型如表 5-1 所列,依据表 5-1 中每个连接变量的分布,进而求得连接变量的联合分布如表 5-2 所列。

表 5-1　专家经验对应的约束模型

r	$\rightarrow$	$\leftarrow$	...
r_{ab}	0.8	0.1	0.1
r_{bc}	0.2	0.2	0.6
r_{ac}	0.6	0.3	0.1

表 5-2　专家经验对应的 J_c

C	r_{ab}	r_{bc}	r_{ac}	J_C
C_1	→	→	→	0.096
C_2	→	→	←	0
C_3	→	→	⋮	0.016
⋮	⋮	⋮	⋮	⋮
C_{13}	←	←	→	0
⋮	⋮	⋮	⋮	⋮
C_{26}	⋮	⋮	←	0.018
C_{27}	⋮	⋮		0.006

由表 5-1 和表 5-2 可以看出 J_C 是通过将 3 个节点所组成的有向无环图进行列举,并且分别计算每个有向无环图存在的概率。

n 个变量组成有向无环图的个数由 Robinson 给出了解析表达式,经过查找文献,并未发现对含有特定结构约束的有向无环图个数求解的解析表达式,即 N_C。当网络的变量较少时(一般小于 4),可以通过枚举法将所有的有向无环图都列举出来,找出其中符合要求的网络结构,进而得到 N_C。但是,往往枚举是行不通的,随着变量数的增加,有向无环图的个数呈指数级增加。在这种情况下,要给出计算 N_C 的精确方法很困难,所以,给出一种近似的方法,即

$$N_C = N \cdot \frac{S_C}{S} \tag{5-8}$$

$$\begin{cases} f(0) = 1, f(1) = 1 \\ N = f(n) = \sum_{i=1}^{n} (-1)^{i+1} \frac{n!}{(n-i)!\,i!} f(n-i) \quad n > 1 \end{cases} \tag{5-9}$$

式中:N 为 n 个变量的有向无环图的个数;S 为对 n 个变量所组成的网络结构空间的采样个数;S_C 为符合特定结构约束的样本个数。

2. 考虑边的存在约束的改进 K2 贝叶斯网络结构学习方法

在传统的结构学习算法中,K2 算法作为经典的贝叶斯网络结构学习算法之一,在占用资源较低的情况下能获得较好网络学习效果。其只需对每个节点求出使评分函数最大的父节点集,且根据节点序输入可以使算法更快地找到最优的网络结构。传统 K2 算法应用于雷达系统仍存在不足。以下使用"雷达系统前端"的网络来说明使用传统 K2 算法构建的贝叶斯网络模型的不足。传统 K2 算法构建的贝叶斯网络模型如图 5-3 所示。

在实际系统中,节点 1→节点 5 本没有联系,应该不存在联系边,但在图 5-3

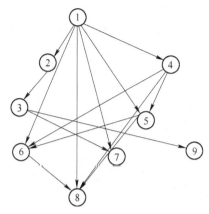

图 5-3 传统 K2 算法构建的贝叶斯网络模型

中, K2 算法得到的贝叶斯网络模型存在节点 1→节点 5 的边, 只由数据构建的模型显然不符合实际情况; 假设实际系统中节点 1→节点 9 有联系, 但节点 1→节点 9 的边在图 5-3 中被遗漏掉了。由以上网络示意图可以看到, 使用传统算法不能结合雷达系统的实际情况, 不具有较高的可靠性。因此, 必须对传统的 K2 算法进行改进。

考虑边存在约束、节点序约束情况, 具体方法如下。

(1) 雷达系统特殊的节点次序包含了变量之间的先后次序, 可以利用该次序大大缩减搜索空间, 在搜索某个节点的父节点时只需要搜索判断排在该节点之前的节点, 从而降低改进算法的复杂度, 更快地找到最优网络结构。

(2) 实际中的已知规律一般以两个变量之间的因果性给出, 而从结构信息的角度出发, 已知规律给出的是两个变量之间是否有联系边, 但因果性的强弱大小在实际中已知规律无法给出。

(3) 实际中的已知规律也可以根据经验对已经得到的贝叶斯网络结构进行剪枝处理, 即已知规律给出某些变量之间不存在因果性, 去掉贝叶斯网络结构中已经存在的联系边。

针对第(1)点, 根据获取的训练数据, 雷达系统复杂场景具有特殊节点序, 首先利用该节点序对算法的搜索空间进行了改进。改进的 K2 算法用一个变量排序 ρ 和一个正整数 μ 来限制搜索空间, 它要寻求的是满足以下两个条件的最优模型 G:

① G 中任一变量的父节点个数不超过 μ; ② ρ 是 G 的一个拓扑序, 即雷达系统特殊的节点序。

针对第(2)点和第(3)点, 通过分析发现传统 K2 算法得到的基于统计的贝叶斯网络模型针对雷达系统复杂场景不具备较高的可靠性, 由统计模型得到的部分联系边可能与已知规律相悖,或统计模型无法学习到实际中本应存在联系的边,故需要利用已知规律进行结构学习来提高模型可靠性。例如,在雷达系统的某些阶段,可以获得的数据量比较少,此时结构学习对已知规律信息的依赖性比较大。所以在给出已知规律信息时,希望算法能够对已知规律信息有一定的适应能力,或者在结构学习的结果与已知规律有一定的偏差时,能够降低概率统计模型对结果的负面影响。另外,当已知规律信息是正确时,能够利用这些正确的规律信息。这样能够增强结构学习算法的可靠性和鲁棒性。

增加或删除边的规律信息为关于 BN 结构部分节点之间的连接关系。设网络中第 i 对节点 a 和 b,用 V_i 表示该节点对,记 $V_i^1 = a$,$V_i^2 = b$,变量 e_i 表示该节点对间的边的情况,e_i 存在 3 种情况,取值空间是 $E = \{ V_i^1 \leftrightarrow V_i^2, V_i^1 \rightarrow V_i^2, V_i^1 \leftarrow V_i^2 \}$,分别代表 a、b 之间不存在边,a 指向 b,b 指向 a。用 P_i 表示对应 e_i 每种情况的概率分布。最后,V_i 和 P_i 组成节点对集合 V 和对应概率分布集合 P,V 和 P 构成总的已知规律知识库 ξ,用 $\xi(V, P)$ 来表示规律信息,如图 5-4 所示,$\xi(V, P)$ 表示的是增加或删除边的已知规律。

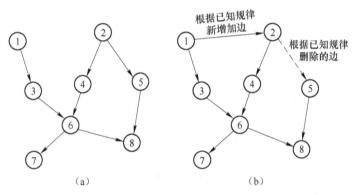

图 5-4　已知规律实例

采用 0-1 稀疏矩阵来表示已知规律信息,如图 5-5 所示。

在 0-1 稀疏矩阵中,1 表示节点之间存在联系边,0 表示节点之间没有联系边,该矩阵中 1 元素的个数远远小于 0 元素的个数,并且 1 元素的分布没有规律。利用稀疏矩阵表示已知规律可以利用 0 元素节约大量存储、运算和程序运行时间。同时,也正是为了雷达系统更快地获取"效应-要素"的结果,采用稀疏矩阵表示已知规律信息。

融合已知规律的改进 K2 算法,首先可根据已知规律在无边图中添加联系边,之后从一个包含所有节点、根据已知规律添加联系边的图出发开始搜索。在搜索过程中,按已知规律提供的雷达系统特殊的节点顺序依次考察 ρ 中的变量,搜索得到其父节点,然后添加相应的边。对某一变量 X_j,假设已经找到了它的父节点集

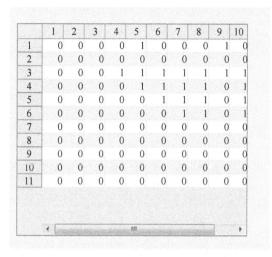

	1	2	3	4	5	6	7	8	9	10
1	0	0	0	0	1	0	0	0	1	0
2	0	0	0	0	0	0	0	0	0	0
3	0	0	0	1	1	1	1	1	1	1
4	0	0	0	0	1	1	1	1	0	1
5	0	0	0	0	0	1	1	1	0	1
6	0	0	0	0	0	0	1	1	0	1
7	0	0	0	0	0	0	0	0	0	0
8	0	0	0	0	0	0	0	0	0	0
9	0	0	0	0	0	0	0	0	0	0
10	0	0	0	0	0	0	0	0	0	0
11	0	0	0	0	0	0	0	0	0	0

图 5-5　稀疏矩阵

π_j，如果 $|\pi_j| < \mu$，即 X_j 父节点个数 $|\pi_j|$ 还未达到 μ，那么就继续为它寻找父节点。具体做法：首先，考虑那些在 ρ 中排在 X_j 之前，但却还不是 X_j 的父节点的变量，从这些变量中选出 X_i，它使得新家族 BIC 评分 $V_{new} = \mathrm{BIC}((X_j, \pi(X_j) \cup \{X_i\}) \mid D)$ 达到最大。然后，将 V_{new} 与旧家族 BIC 评分 $V_{old} = \mathrm{BIC}((X_j, \pi(X_j)) \mid D)$ 比较；如果 $V_{new} > V_{old}$，则将 X_i 添加为 X_j 的父节点；否则停止为 X_j 寻找父节点。最后，在以上获得的基于添加已知规律的非空图学习网络结构上，也可以根据已知规律删减不合理的边，得到最终融合已知规律的贝叶斯网络模型。具体算法流程如表 5-3 所列。

表 5-3　融合已知规律的改进 K2 算法流程

输入：雷达系统特定的变量顺序 ρ（设它与变量下标一致），变量父节点个数的上界 μ，已知规律 e，数据 D
输出：贝叶斯网络结构 G'
1、$G^0 \leftarrow$ 由节点 $X_1, X_2, \cdots, X_n$ 组成的无边图；
2、$G \leftarrow$ 根据已知规律添加联系边后节点 $X_1, X_2, \cdots, X_n$ 组成的非空图；
3、**for** $j=1$ to n
4、$\pi_j \leftarrow \varnothing$；
5、$V_{old} \leftarrow \mathrm{BIC}((X_j, \pi_j) \mid D)$；
6、while(True)
7、$i \leftarrow \arg\max_{1 \leqslant i < j, X_i \notin \pi_j} \mathrm{BIC}((X_j, \pi_j \cup \{X_i\}) \mid D)$

8、$V_{\text{new}} \leftarrow \text{BIC}((X_j, \pi_j \cup \{X_i\}) \mid D)$
9、**if**$(V_{\text{old}} < V_{\text{new}} \text{ and } \mid \pi_j \mid < \mu)$
10、$V_{\text{old}} \leftarrow V_{\text{new}}$;
11、$\pi_j \leftarrow \pi_j \cup \{X_i\}$;
12、在 G 中加边 $X_j \leftarrow X_i$;
13、**else**
14、**break**;
15、**end if**
16、end while
17、end for
18、**return**(G);
19、$G' \leftarrow$ 根据已知规律删除 G 中不合理边后节点 $X_1, X_2, \cdots, X_n$ 组成的贝叶斯网络结构

融合已知规律的改进 K2 算法可用于雷达系统贝叶斯网络模型构建中结构学习部分,且根据融合已知规律的改进 K2 算法建立的贝叶斯网络模型,可以获取各效应-要素、要素-要素、效应-效应之间的直观联系,即直接观察到变量之间的因果关系。该模型是分析复杂电磁环境效应机理的基础。

5.1.2 融入领域知识的贝叶斯网络参数学习方法

1. 基于领域知识的参数约束

常用的贝叶斯网络参数约束包含规范性约束、区间约束、分布内约束、分布间约束、近似相等约束、加性协同约束、乘性协同约束。下面具体给出几种约束的数学模型。

(1)规范性约束:

$$\sum_{k=1}^{r_i} \theta_{ijk} = 1 \quad (0 \leqslant \theta \leqslant 1, \quad \forall i,j,k) \tag{5-10}$$

此约束表示父节点取值相同时的所有参数之和为 1。

(2)区间约束:

$$0 \leqslant \alpha_{ijk} \leqslant \theta_{ijk} \leqslant \beta_{ijk} \leqslant 1 \tag{5-11}$$

此约束表示参数属于某一给定的区间。

(3)分布内约束:

$$\theta_{ijk} \leqslant \theta_{ijk'} \quad (\forall k \neq k') \tag{5-12}$$

此约束表示父节点取值相同时的同一分布内参数之间的大小关系。

（4）分布间约束：

$$\theta_{ijk} \leq \theta_{ijk} \quad (\forall j \neq j) \tag{5-13}$$

此约束表示子节点取值相同时的不同分布之间参数之间的大小关系。

（5）近似相等约束：

$$\theta_{i'j'k'} \approx \theta_{ijk} \tag{5-14}$$

此约束表示任意两个参数之间近似相等。

（6）加性协同约束：

$$\theta_{ij_1k} + \theta_{ij_2k} \leq \theta_{ij_3k} + \theta_{ij_4k} \quad (\forall i,k) \tag{5-15}$$

此约束表示子节点相同时不同父节点取值所对应参数之和之间的大小关系。

（7）乘性协同约束：

$$\theta_{ij_1k}\theta_{ij_2k} \leq \theta_{ij_3k}\theta_{ij_4k} \quad (\forall i,k) \tag{5-16}$$

此约束表示子节点相同时不同父节点取值所对应参数乘积之间的大小关系。

利用贝叶斯网络的约束模型可以将复杂电磁环境的领域知识表示成可供贝叶斯网络建模使用的模型约束，进而优化建模过程，提高建模精度。

2. 利用多参数约束改进似然函数的参数学习方法

考虑的参数约束包含规范性约束、区间约束、定性影响约束、单调性约束。参数先验分布对参数学习尤为重要。当多种参数约束同时存在时，可通过拒绝-接受采样的方式来获取多种不同类型参数约束所组成约束区域中心点，进而结合选取的等价样本量得到参数先验分布。

利用多参数约束改进似然函数的参数学习流程如图 5-6 所示。第一步，利用拒绝-接受采样方法获得符合多参数约束的参数样本集；第二步，求取参数约束区域的中心，并获取狄利克雷分布的超参数；第三步，构建带先验的似然函数；第三步，利用最大后验估计、梯度下降或演化算法学习贝叶斯网络参数。

需要强调的是，在获取狄利克雷分布的超参数时，需要人为地指定一个合适的虚拟统计频数即等价样本量 A，这直接影响超参数的合理与否，进而影响参数的学习精度。如果选取不当，学习精度甚至要差于最大似然估计算法。但是，至今未见关于如何选取虚拟统计频数的研究。通过分析，虚拟频数可以看作是先验分布对应的一个虚拟数据集 D' 的数据量，过大会淹没真实数据，过小又无法体现参数的约束作用。直观上看，虚拟频数应该与真实的样本数据量相关。

直观上可以认为要达到某个参数学习精度所需的数据量有一个最小值，真实数据量为 N_s，则

$$A + N_s \geq M \tag{5-17}$$

式（5-17）描述了虚拟数据量与真实数据量之间的关系，这可以作为等价样本量 A 的一个限制条件。等价样本量 A 选取不恰当，会导致所得参数不符合已有的参数

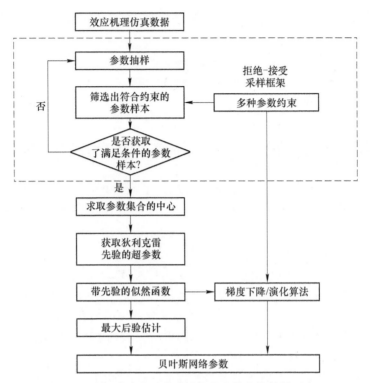

图 5-6　利用多参数约束改进似然函数的参数学习流程

约束。为了使所得参数满足已有的参数约束,拟通过参数约束来限制 A 的取值。以参数区间约束为例,假设待求参数 θ_{ijk} 满足区间约束 $[a,b]$,则

$$a \leqslant \theta_{ijk} = \frac{A\tau + N_{ijk}}{A + N_{ij}} \leqslant b \tag{5-18}$$

式中:N_{ijk} 和 N_{ij} 为样本统计量;τ 为通过参数约束得到的可行域的中心参数。

通过式(5-18)可求出等价样本量 A 的取值范围。可以作为等价样本量 A 的另一个限制条件为

$$\frac{N_{ijk} - bN_{ij}}{b - \tau} \leqslant A \leqslant \frac{N_{ijk} - aN_{ij}}{a - \tau} \tag{5-19}$$

基于上述的一些限制条件,可以将等价样本量 A 限制到一个合理的范围,接下来可以考虑使用交叉验证或者求平均的思想来获取更为合理的等价样本量 A。

118

5.2 深度贝叶斯网络及建模训练方法

5.2.1 深度贝叶斯网络的内涵辨析

传统贝叶斯网络建模推理均基于离散化的特征向量,特征量的选择将直接决定网络的性能及分析结果。但工程实践中,往往事先无法知道哪些特征是关键重要特征,甚至不知道如何从图片、信号等原始数据中提取有用特征。为此,本书引入深度神经网络并将其与贝叶斯网络进行融合,得到深度贝叶斯网络模型,使其可对原始数据进行建模推理。

1. 深度贝叶斯网络内涵

深度学习具有强大的自动特征提取能力,但其不具有可解释性、鲁棒性差、易被欺骗且依赖大量的训练样本;贝叶斯网络能有效地结合专家知识且具有完备的数学理论基础、可解释性好,但其只能对通过特征工程获得的特征量进行建模推理,而无法直接对原始数据进行处理。鉴于此,结合二者的优势,将深度学习与贝叶斯网络有效的融合,提出"深度贝叶斯网络"。

定义 5-1 "深度贝叶斯网络"是指具有自动特征提取能力的贝叶斯网络模型,其自动特征提取能力是依靠深度学习模型获得(包括自编码网络等非监督学习模型和卷积神经网络等监督学习模型),如图 5-7 所示。

2. 深度贝叶斯网络关键技术分析

经初步分析发现,深度贝叶斯网络必须解决以下几个关键技术问题。

(1)深度模型自动提取的特征向量的离散量化方法。虽然在形式化表示上深度学习模型和贝叶斯网络模型都是有向图模型,使形式上融合很容易实现,但是深度网络模型所提取的特征一般为连续变量,而贝叶斯网络的节点要求的是能表示有限状态的离散变量,那么将深度模型的特征进行离散量化是将二者进行融合的必要前提。

(2)深度贝叶斯网络的模型各节点状态值的精度影响分析方法。深度模型自动提取的特征并不一定是最有效(或最合适)的,如何通过贝叶斯模型的训练验证结果反馈指导以获得最有效的深度模型特征向量集是深度贝叶斯模型训练中必须解决的问题。节点的精度影响分析有助于对特征集的选择和量化提供定量的参考,从而保证获得有效的特征集。

(3)深度贝叶斯网络的模型训练方法。在构建了深度贝叶斯网络模型之后,需要利用样本数据对模型的参数进行训练调整。深度模型训练的理论依据是误差的反向传播和偏导(梯度)理论,而贝叶斯网络的参数训练是根据极大似然定理

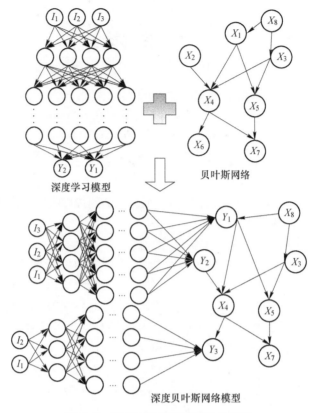

图 5-7　深度贝叶斯网络结构示意图

（或贝叶斯定理）等概率统计理论，二者具有本质的不同。因此，需要寻找合适的方法将二者进行融合以便能对深度贝叶斯网络进行有效的训练。

5.2.2　深度贝叶斯网络训练方法

按照用于特征提取的深度神经网络的类型可将深度贝叶斯网络分为非监督型深度贝叶斯网络（深度神经网络为自编码网络等非监督型网络）和监督型深度贝叶斯网络（深度神经网络是 CNN 等监督网络）。

1. 非监督网络的分段训练方法

非监督型深度贝叶斯网络模型的训练可采用分段训练方式进行，分别训练深度学习模型和贝叶斯网络模型，将深度学习模型输出特征量的量化表征作为二者的结合，将贝叶斯网络推理精度作为最终的优化目标，通过贝叶斯节点有效性分析，指导修改深度学习模型的优化目标，如此迭代反复，以达到最终的优化要求。

训练流程如图5-8所示。

步骤1：根据分析的问题确定贝叶斯网络的节点，并确定哪些节点用深度神经网络提取的特征替换。

步骤2：设计深度神经网络模型，训练网络，提取特征。

步骤3：将深度学习提取的特征与贝叶斯网络其余特征量组合成训练样本集。

步骤4：利用K2等结构学习算法和极大似然估计等参数学习算法训练贝叶斯网络模型。

步骤5：利用测试数据对贝叶斯网络性能进行测试，如果满足要求则结束，否则可调整深度学习模型结构重新训练，回到步骤2。

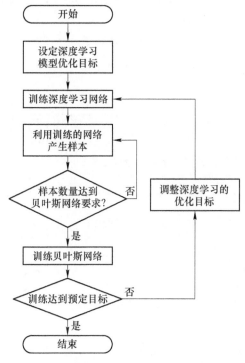

图5-8　深度贝叶斯网络分段训练流程

2. 监督网络的联合训练方法

无监督深度贝叶斯网络的训练可分段训练，但有监督深度贝叶斯网络需要获得误差反馈，无法进行分段训练。为将深度神经网络和贝叶斯网络进行融合训练，本书提出采用一种联合训练方法，将深度学习与贝叶斯网络真正融合起来。监督型深度神经网络的建模训练方法如图5-9所示其具体步骤如下。

步骤1：通过分析对象的特征，结合专家知识初步确定贝叶斯网络模型的节点。

121

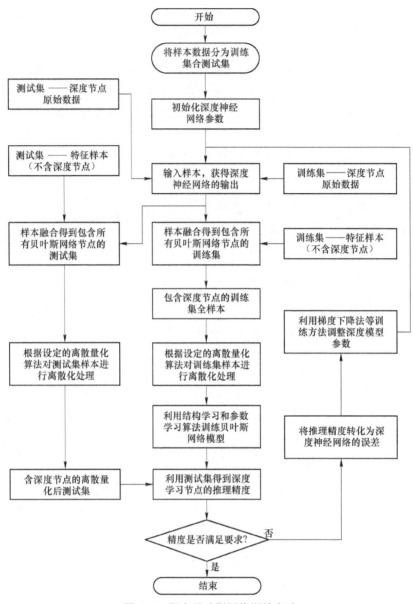

图 5-9　深度贝叶斯网络训练方法

步骤 2:根据实际情况将模型中的某些节点确定为用深度神经网络获得的特征向量替换(深度节点)。

步骤 3:将样本数据分为训练集和测试集。

步骤 4:根据原始数据特点确定深度神经网络模型结构并初始化网络参数。

步骤 5:将训练集中深度节点的原始数据输入深度神经网络中,并计算获得其输出特征。

步骤6:将深度学习的输出特征与训练集中基于人工特征进行组合得到包含深度节点的未离散化的训练集。

步骤7:利用均匀离散或聚类分析算法对训练集进行离散量化,获得离散量化后的全样本训练集。

步骤8:基于步骤7获得的训练集,利用贝叶斯网络结构学习和参数学习算法对贝叶斯网络进行学习,获得训练后的贝叶斯网络。

步骤9:将测试集中深度节点的原始数据输入深度神经网络中,并计算获得其输出特征。

步骤10:将深度学习的输出特征与训练集中基于人工特征进行组合得到包含深度节点的未离散化的测试集。

步骤11:利用与步骤7一样的算法对测试集进行离散量化,获得离散量化后的全样本测试集。

步骤12:利用测试集对深度神经网络的输出节点进行准确度预测,如果符合要求则结束训练,否则转到步骤13。

步骤13:将步骤12获得的精度转化为深度神经网络的误差值,并通过近似方法计算出误差梯度(此步骤为关键,可尝试将强化学习作为转化的手段)。

步骤14:利用梯度下降法等训练方法对深度神经网络的参数进行调整,转到步骤5。

5.3 基于贝叶斯网络的复杂电磁环境效应机理推理

5.3.1 效应预测与环境要素推理

基于贝叶斯网络的复杂电磁环境效应机理推理可分为正向推理(分析特定干扰参数下雷达的效应模式)、反向推理(依据效应特征推理可能的干扰参数)。为方便对算法的说明,假定建立的电磁环境效应贝叶斯网络如图5-10所示,网络共包括4个节点 X_1、X_2、X_3、X_4。X_1 为环境要素,X_2、X_3 为中间效应节点,X_4 为最终的效应节点,且各节点的状态取值为(1,2)。

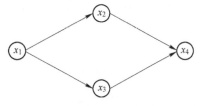

图5-10 电磁环境效应贝叶斯网络示例

1. 由环境要素预测效应

在由环境要素预测效应的过程中,环境要素 X_1 的状态取值为已知,根据贝叶斯网络的概率传递关系可以直接计算其子节点 X_2 和 X_3 各状态取值概率:

$$\begin{cases} P(X_2=1)=P(X_1=1)P(X_2=1|X_1=1)+P(X_1=2)P(X_2=1|X_1=2) \\ P(X_2=2)=P(X_1=1)P(X_2=2|X_1=1)+P(X_1=2)P(X_2=2|X_1=2) \\ P(X_3=1)=P(X_1=1)P(X_3=1|X_1=1)+P(X_1=2)P(X_3=1|X_1=2) \\ P(X_3=2)=P(X_1=1)P(X_3=2|X_1=1)+P(X_1=2)P(X_3=2|X_1=2) \end{cases}$$

$$(5-20)$$

在得到 X_2、X_3 各状态的取值概率后可通过以下公式推出 X_4 各状态的取值:

$$P(X_4=1)=P(X_2=1,X_3=1)P(X_4=1|X_2=1,X_3=1)+P(X_2=1,X_3=2)P(X_4=1|X_2=1,X_3=2)+P(X_2=2,X_3=1)P(X_4=1|X_2=2,X_3=1)+P(X_2=2,X_3=2)P(X_4=1|X_2=2,X_3=2)$$

$$(5-21)$$

$$P(X_4=2)=P(X_2=1,X_3=1)P(X_4=2|X_2=1,X_3=1)+P(X_2=1,X_3=2)P(X_4=2|X_2=1,X_3=2)+P(X_2=2,X_3=1)P(X_4=2|X_2=2,X_3=1)+P(X_2=2,X_3=2)P(X_4=2|X_2=2,X_3=2)$$

$$(5-22)$$

有环境要素预测效应是正向推理,由条件概率和连接关系可以直接计算得到效应特征各状态的概率值。一般,可以将概率最大的状态作为最终的预测结果。

2. 由效应特征推理环境要素

由效应特征推理环境要素(即"溯源"问题)是基于贝叶斯网络的复杂电磁环境效应机理推理分析方法的重点,仍然以图 5-14 所示为例,假设已知最终的效应节点 X_4 的状态取值,推理环境要素 X_1 和中间效应节点 X_2、X_3 各状态的概率。

(1)X_4 推理 X_2:

$$P(X_2=1|X_4=1)\sum_{X_3=1,2}P(X_2=1,X_3)P(X_4=1)=$$
$$P(X_2=1,X_3=1)P(X_4=1)+P(X_2=1,X_3=2)P(X_4=1)$$

$$(5-23)$$

(2)X_4 推理 X_2、X_3:

$$P(X_2=1,X_3=1|X_4=1)=\frac{P(X_2=1,X_3=1,X_4=1)}{\sum_{X_3=1,2;X_2=1,2}P(X_2,X_3,X_4)=1)}$$
$$=\frac{P(X_4=1|X_3=1,X_4=1)P(X_3=1,X_4=1)}{\sum_{X_3=1,2;X_2=1,2}P(X_2,X_3,X_4=1)}$$

$$(5-24)$$

其中

$$\sum_{\substack{X_3=1,2; \\ X_2=1,2}} P(X_2,X_3,X_4=1) = P(X_2=1,X_3=1,X_4=1) + P(X_2=1,X_3=2,X_4=1)$$

$$+ P(X_2=2,X_3=1,X_4=1) + P(X_2=2,X_3=2,X_4=1)$$

$$(5-25)$$

(3) X_4 推理 X_1:

$$P(X_1=1|X_4=1) = \sum_{\substack{X_2=1,2; \\ X_3=1,2}} P(X_1=1,X_2,X_3,|X_4=1) + P(X_1=1,X_2=1,X_3=1,|X_4=1)$$

$$+ P(X_1=1,X_2=1,X_3=2,|X_4=1) + P(X_1=1,X_2=2,$$

$$X_3=1,|X_4=1) + P(X_1=1,X_2=2,X_3=2,|X_4=1) \quad (5-26)$$

简单的贝叶斯"溯源"推理可以直接计算,但随着网络规模的增加,直接计算将变得非常复杂,可采用基于联结树的推理算法进行"溯源"分析。

联结树算法(junction tree,JT)既能够解决单连通贝叶斯网络的推理问题,也可以解决多联通贝叶斯网络的推理问题,特别是针对网络中含有多个查询节点的推理问题,该算法显示出强大的优势。首先,算法将贝叶斯网络转化为一个无向树,每个树的节点由贝叶斯网络无向图的最大完全子图构成;然后,利用联结树上的消息传递过程来进行概率传播。在概率推理的问题中,消息会在联结树的每个节点上进行传播,当联结树满足全局一致性时则停止。此时,所有变量的联合分布函数通过团节点的势函数得到。消息传递过程包含两个阶段:证据信息的收集(collect evidence)和证据信息的扩散(distribute evidence)。根据消息传递方式的不同,联结树算法可以分为 Hugin 算法和 Shenoy-Shafer 算法。Shenoy-Shafer 算法可以有效地适用于多种推理问题,而 Hugin 算法的速度更快。联结树算法首先选定任意一个团节点 R 作为根节点,在证据收集阶段,从距离 R 最远的节点,信息沿接近 R 的方向,依次向相邻节点传递消息,接收到所有相邻节点传递来消息的团节点对其分布函数进行更新,继续向上传递消息,直到根节点获得所有消息为止。在证据扩散阶段,从根节点 R 开始,信息沿远离 R 的方向,每一个节点向它的相邻节点传递消息,直到消息传遍整棵树的每一个节点为止。具体流程如图 5-11 所示。

步骤1:将贝叶斯网络转化为团树,即先建立贝叶斯网络的 Moral 图,三角化 Moral 图,然后再确定所有的团,最后建立团树。Moral 图指的是将一个有向无圈图中的每个节点的不同父节点结合,即在它们之间加一条边,去掉所有边的方向所得到的无向图。三角化 Moral 图是将 Moral 图通过添加边变为三角图的过程。如果一个无向图中的每个包含大于等于 4 个节点的圈都有一条弦(弦是指连接圈中两个不相邻节点的边),那么该图称为三角图。

步骤 2:对团树进行初始化,即对团树中的状态进行初始化赋值。

步骤 3:消息传递,即将证据信息在团树中的各节点间进行传递,使团树最终能够达到全局一致。

步骤 4:概率计算,即通过一致的团树求得任意变量的概率分布。

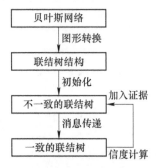

图 5-11　基于联结树算法的贝叶斯网络推理

5.3.2　效应特征敏感性分析

1. 基于概率变化程度的效应特征敏感性分析

通过已经建立的贝叶斯网络模型,我们能够得到效应特征之间的影响关系,以及影响关系大小的概率描述。为了进一步分析效应特征之间的敏感性或者贡献度,通过计算目标效应特征随其他相关效应特征变化而变化的程度,来衡量各个相关效应变量对目标效应变量的贡献度。敏感性分析就是假设模型表示为 $y = f(x_1, x_2, \cdots, x_n)$($x_i$ 为模型的第 i 个属性值),令每个属性在可能的取值范围内变动,研究和预测这些属性的变动对模型输出值的影响程度。将影响程度的大小称为该属性的敏感性系数。敏感性系数越大,说明该属性对模型输出的影响越大。敏感性分析的核心目的就是通过对模型的属性进行分析,得到各属性敏感性系数的大小,在实际应用中根据经验去掉敏感性系数很小的属性,重点考虑敏感性系数较大的属性,这样就可以大大降低模型的复杂度,减少数据分析处理的工作量。这在很大程度上提高了模型的精度,同时可利用各属性敏感性系数的排序结果解决相应的问题。

在分析雷达电磁环境效应特征的敏感性之前,首先要建立敏感性指标,进而结合直接推理算法计算效应特征之间的敏感性,最终完成整个雷达电磁环境效应要素网络的敏感性分析。假设图 5-12 所示为建立的雷达效应机理贝叶斯网络,其中 Y 代表目标效应节点,X 代表其他相关效应特征节点。

本书提出一种基于条件概率变化程度的敏感性指标计算方法,以 X_1 为例,有:

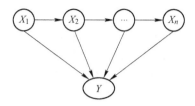

图 5-12　雷达效应机理贝叶斯网络

$$S_{X_1} = \frac{1}{r_{x_1} \cdot (r_{x_1} - 1) \cdot q} \sum_{a=1}^{q} \sum_{b=1}^{r_{x_1}} \sum_{k=1, k \neq b}^{r_{x_1}} \left| \frac{[P(Y=a \mid X_1=k) - P(Y=a \mid X_1=b)]}{k-b} \right|$$

(5-27)

式中: q 为 Y 的取值状态数; r_{x_1} 为 X_1 的取值状态数

式(5-38)的数学含义为:利用目标效应变量的条件概率随其他相关效应变量取值变化而发生变化的程度来衡量相关效应特征对目标效应特征的贡献度。

通过参数学习,可获取 $P(X_1)$、$P(X_i \mid \pi(X_i))$ 及 $P(Y \mid X_1, X_2, \cdots, X_n)$, $(i=2, \cdots, n)$。由条件概率公式和直接推理算法可知

$$P(X_2 = c) = \sum_{X_1} P(X_2 = c \mid X_1) \cdot P(X_1)$$

(5-28)

$$P(Y = a \mid X_1 = b) = \frac{\sum\limits_{x_2, \cdots, x_n} P(Y=a, X_1=b, X_2, \cdots, X_n)}{P(X_1 = b)}$$

$$= \frac{\sum\limits_{x_2, \cdots, x_n} P(Y=a \mid X_1=b, X_2, \cdots, X_n) \cdot P(X_1=b) \cdot \prod\limits_{i=2}^{n} P(X_i \mid \pi(X_i))}{P(X_1 = b)}$$

(5-29)

2. 基于贝叶斯网络的定量敏感性分析

上面给出了进行定性敏感性分析的方法,但是在实际问题中,往往更关心定量的敏感性分析。例如,当杂波多普勒谱宽变化 1 个单位时,跟踪误差变化多少。为了回答这个问题,首先要建立一个定量的敏感性指标,进而结合直接推理算法计算效应特征之间的定量敏感性,最终完成整个雷达电磁环境效应要素网络的敏感性分析。本书提出一种基于节点状态变化程度的敏感性指标计算方法,以 X_1 为例,计算公式为

$$S_{X_1} = \frac{1}{r_{x_1} \cdot \sum\limits_{n=1} n} \sum_{b=1}^{r_{x_1}} \sum_{k=1, k \neq b}^{r_{x_1}} \left| \sum_{a=1}^{y} (P(Y=a \mid X_1=k)(Y=a) - P(Y=a \mid X_1=b)(Y=a)) \right|$$

(5-30)

127

式中：q 为 Y 的取值状态数，r_{x_1} 为 X_1 的取值状态数。通过参数学习，可获取 $P(Y=a|X_1=k)$ 和 $P(Y=a|X_1=b)$ 的大小，进而可以求取定量敏感性指标。

式(5-41)的数学含义为：利用目标效应变量的节点状态值随其他相关效应变量状态取值变化而发生变化的平均变化率来衡量相关效应特征对目标效应特征的贡献度。

5.4 小结

本章介绍了融合领域知识的效应机理贝叶斯网络结构学习、参数学习等建模方法，效应预测、环境要素推理及敏感性分析方法。此外，将深度学习与贝叶斯网络结合起来，提出了深度贝叶斯网络的概念并介绍了建模训练方法。

第6章
雷达电磁环境效应机理分析案例

为了更详细介绍贝叶斯网络如何应用到雷达电磁环境效应机理分析过程中，本书以典型雷达压制干扰效应推理分析为例进行进一步说明。

6.1　仿真场景设计

1. 态势与仿真参数设置

本次分析的场景为单目标单干扰且目标和干扰机均为静止状态，变化的主要参数为干扰机的干扰类型（压制干扰）、干扰功率和干扰带宽。仿真参数如表 6-1 所列。

表 6-1　仿真参数

仿真次数	1	采样频率/MHz	80	开始时间/s	0
结束时间/s	10	仿真步长/s	0.1		

2. 雷达参数

雷达为 S 波段预警雷达，其主要参数如表 6-2 所列。

表 6-2　雷达参数

发射机峰值功率/kW	1000	发射机综合损耗/dB	10	起始频率/MHz	3150
终止频率/MHz	3150	频点数	1	捷变模式	脉间捷变
重频样式	等周期	PRI 数目	1	脉冲重复间隔/μs	1000
带宽/MHz	5	脉冲宽度/μs	100	码元数	0
信号样式	LFM	主瓣增益/dB	30	第一旁瓣最大增益/dB	10
平均副瓣增益/dB	10	波束宽度/(°)	2	天线综合损耗/dB	10
初始方位波束指向	0	天线转速 r/min	12	动态范围/dB	60
噪声系数/dB	3	MTI 类型	3 点	是否启用 MTD	是
虚警概率	0.000001	机扫类型	1		

3. 目标参数

目标位静止目标,具体参数如表6.3所列。

表 6-3　目标参数

距离/km	100	方位/(°)	90	俯仰/(°)	10
速度/(m/s)	0	RCS 起伏类型	5	RCS 均值/m²	1

4. 干扰类型

干扰机产出压制干扰信号,其参数如表6-4所列,共包4种压制类型(阻塞噪声、瞄准噪声、扫频噪声、梳状谱)。干扰功率以 1dBmW 为步进,最小值为-50dBmW,最大值为 50dBmW;干扰带宽以 1MHz 为步进,最小值为 1MHz,最大值为 10MHz。

表 6-4　干扰机参数

距离/km	100	方位/(°)	100	俯仰/(°)	10
速度/(m/s)	0	干扰机天线增益/dB	10	中心频率/MHz	3150

6.2　数据生成

根据仿真设置可知,仿真时长为 10s,天线转数为 12r/min,波束宽度为 2°,脉冲重复间隔为 1000μs,共接收目标回波:$60/12 \times 2/360/10^{-3} \times (10 \times 12/60) \approx 50$;干扰带宽遍历 10 种,干扰功率遍历 101 种,那么每种干扰类型将产生试验样本数为:$10 \times 101 \times 50 = 50500$;共有 4 种干扰类型,总的样本数为:$4 \times 50500 = 202000$。

6.3　特征提取与空间划分

1. 特征选择

软件内置的 46 个特征值,由于无法获得前端数据,且部分特征为无效特征,经过特征筛选,选择 11 个特征,如表 6-5 所列。

表 6-5　环境与效应特征

特征 1	特征 2	特征 3	特征 4	特征 5	特征 6
压制干扰类型	干扰功率/dBm	干扰带宽/MHz	二级混频器频谱峰值/dBm	二级混频器 3dB 带宽/MHz	数字下变频频谱峰值/dBm

特征 7	特征 8	特征 9	特征 10	特征 11
数字下变频 3dB 带宽/MHz	脉冲压缩信噪比/dB	MTI/MTD 信噪比/dB	虚假点迹率	虚假航迹率

2. 特征空间划分与样本划分

根据离散贝叶斯的要求,需要对数据进行有限状态的空间划分,即利用有限的状态数对特征进行归类。特征类别数选择5,采用均分的空间划分方法,状态分别用1、2、3、4、5表示。剔除部分无效状态数,各节点状态数如表6-6所列。

表6-6 各节点状态数

特征名称	状态数	状态
1-压制干扰类型	4	1 2 3 4
2-压制干扰1功率/dBm	5	1 2 3 4 5
3-压制干扰1带宽/MHz	5	1 2 3 4 5
4-二级混频器频谱峰值/dBm	4	1 2 3 4
5-二级混频器3dB带宽/MHz	5	1 2 3 4 5
6-数字下变频频谱峰值/dBm	4	1 2 3 4
7-数字下变频3dB带宽/MHz	5	1 2 3 4 5
8-脉冲压缩信噪比/dB	4	1 2 3 4
9-MTI/MTD信噪比(dB)	4	1 2 3 4
10-虚假点迹率	4	1 2 3 4
11-虚假航迹率	4	1 2 3 4

本次分析选择阻塞噪声、瞄准噪声、扫频噪声、梳状谱4种干扰类型的数据进行建模分析,总数据量为202000,选择其中80%数据量为训练数据,20%数据为测试数据,训练样本数为161600,测试样本为40400。

6.4 贝叶斯网络模型构建

1. 导入训练数据

选择训练数据,共导入161600训练数据,导入后如图6-1所示。

2. 结构先验

根据经验,雷达信号处理过程为流水线处理,认为前一个节点必定影响后一个节点特征,结构先验如图6-2所示。

3. 结构学习

在完成结构先验设置后,利用改进的K2结构学习算法对网络进行结构学习,结果如图6-3所示。

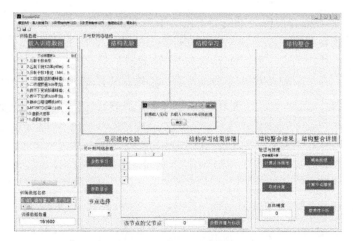

图 6-1　导入训练数据

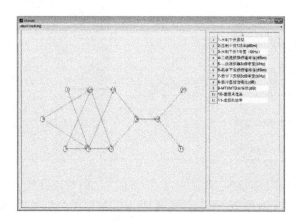

图 6-2　结构先验

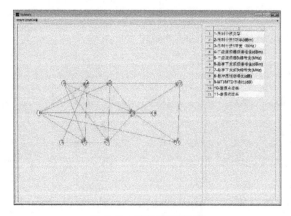

图 6-3　结构学习结果

4. 结构整合

为了能融合结构先验和结构学习结果,需要对两种网络结构进行有效整合,并去除不合理结构(如闭环等),结构整合结果如图 6-4 所示。

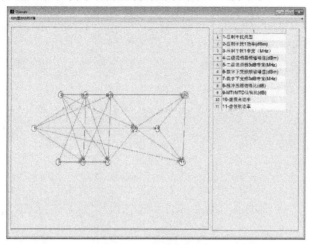

图 6-4　结构整合结果

5. 参数学习

参数学习算法为极大似然估计,选择节点 5 作为分析对象,可得到参数详情如图 6-5 所示。

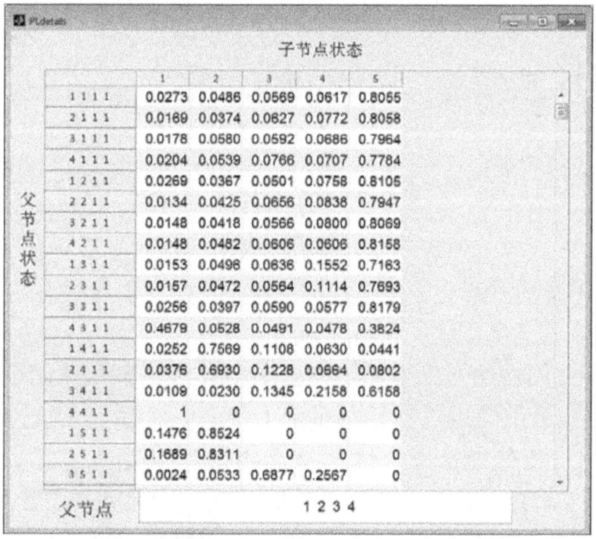

子节点状态

父节点状态		1	2	3	4	5
1 1 1 1	0.0273	0.0486	0.0569	0.0617	0.8055
2 1 1 1	0.0169	0.0374	0.0627	0.0772	0.8058
3 1 1 1	0.0178	0.0580	0.0592	0.0686	0.7964
4 1 1 1	0.0204	0.0539	0.0766	0.0707	0.7784
1 2 1 1	0.0269	0.0367	0.0501	0.0758	0.8105
2 2 1 1	0.0134	0.0425	0.0656	0.0838	0.7947
3 2 1 1	0.0148	0.0418	0.0566	0.0800	0.8069
4 2 1 1	0.0148	0.0482	0.0606	0.0606	0.8158
1 3 1 1	0.0153	0.0496	0.0636	0.1552	0.7163
2 3 1 1	0.0157	0.0472	0.0564	0.1114	0.7693
3 3 1 1	0.0256	0.0397	0.0590	0.0577	0.8179
4 3 1 1	0.4679	0.0528	0.0491	0.0478	0.3824
1 4 1 1	0.0252	0.7569	0.1108	0.0630	0.0441
2 4 1 1	0.0376	0.6930	0.1228	0.0664	0.0802
3 4 1 1	0.0109	0.0230	0.1345	0.2158	0.6158
4 4 1 1	1	0	0	0	0
1 5 1 1	0.1476	0.8524	0	0	0
2 5 1 1	0.1689	0.8311	0	0	0
3 5 1 1	0.0024	0.0533	0.6877	0.2567	0

父节点	1 2 3 4

图 6-5　参数学习结果(以节点 5 为例说明)

6. 总体精度分析

在使用贝叶斯网络进行推理分析之前需要对网络的精度进行测试。选择测试数据,计算总体精度(83.9%),如图 6-6 所示。

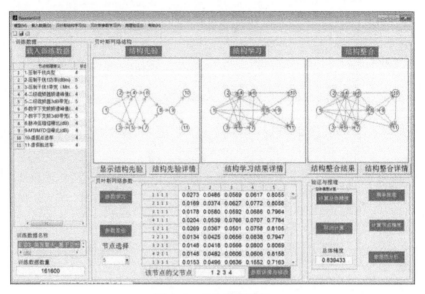

图 6-6　总体精度计算

6.5　推理分析

1. 由环境推理效应

在贝叶斯网络节点中,节点 1、2、3 分别代表干扰类型、功率和带宽,假定已知其取值并按划分方式归入对应的状态编码,推理其余效应节点各状态的概率,结果如图 6-7(节点 1、2、3 状态为 2、2、2)、图 6-8(节点 1、2、3 状态为 1、2、3)、图 6-9(节点 1、2、3 状态为 3、2、1)所示。

精度是模型可用性的一个重要指标。本书分析了节点之间推理精度,结果如下:以节点 1(压制干扰类型)、2(压制干扰 1 功率)、3(压制干扰带宽)推理节点 10(虚假点迹率)、11(虚假航迹率),精度结果如图 6-10 所示(精度为 0.996);以节点 1(压制干扰类型)、2(压制干扰 1 功率)、3(压制干扰带宽)推理节点 8(脉冲压缩信噪比),精度结果如图 6-11 所示(精度为 0.886);以节点 8(脉冲压缩信噪比)推理节点 10(虚假点迹率)、11(虚假航迹率),精度结果如图 6-12 所示(精度为 0.996)。

134

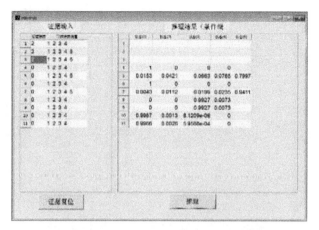

图 6-7　观测节点 1、2、3 状态为 2、2、2 推理结果

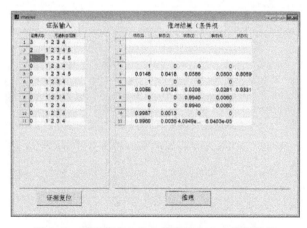

图 6-8　观测节点 1、2、3 状态为 1、2、3 推理结果

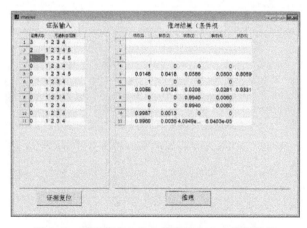

图 6-9　观测节点 1、2、3 状态为 3、2、1 推理结果

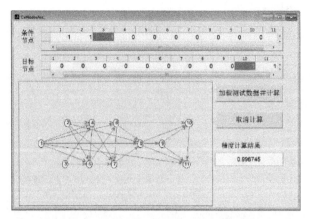

图 6-10　节点 1、2、3 推理节点 10 精度分析

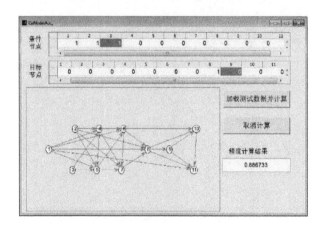

图 6-11　节点 1、2、3 推理节点 8 精度分析

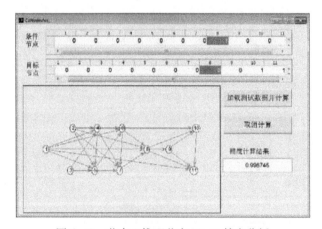

图 6-12　节点 8 推理节点 10、11 精度分析

2. 由效应推理环境参数

效应节点推理环境参数,即"溯源"推理,以下为推理结果:已知节点 10(虚假点迹率)、11(虚假航迹率)的状态分别为 1 和 1,推理其他节点的状态(包括环境要素节点 1、2、3),如图 6-13 所示。

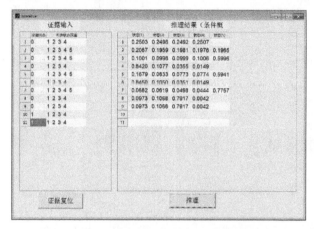

图 6-13 节点 10、11 状态分别为 1、1 推理其他节点

6.6 敏感性分析

在建立的贝叶斯网络模型的基础上,计算各个节点(效应特征)的敏感性指标,如图 6-14 所示。

分析结论如下。

(1)根据节点 1、2、3 的敏感性分析结果可知,不同的压制干扰类型和干扰带宽对脉冲压缩信噪比影响不大,压制干扰功率对脉冲压缩信噪比影响显著。干扰带宽对数字下变频 3dB 带宽影响显著。

(2)根据节点 4、5、6、7 的敏感性分析结果可知,二级混频器 3dB 带宽对数字下变频 3dB 带宽有较大影响;二级混频器频谱峰值对数字下变频频谱峰值有较大影响。

(3)根据节点 8、9 的敏感性分析结果可知,脉冲压缩信噪比对 MTI/MTD 信噪比有较大影响。

(4)根据节点 10、11 的敏感性分析结果可知,虚假点迹率对虚假航迹率有显著影响。

由上述分析可知,基于贝叶斯理论的复杂电磁环境效应机理研究方法能够较

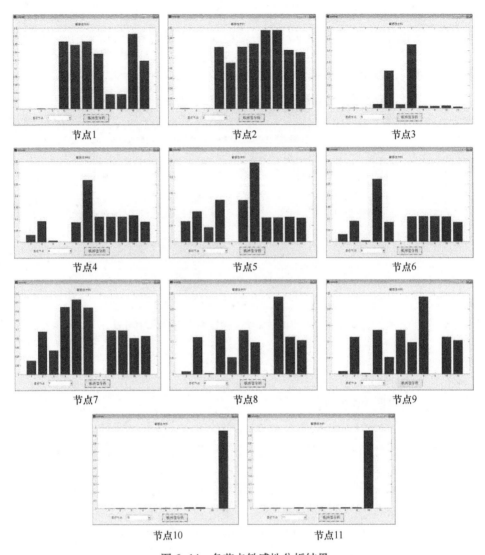

图 6-14　各节点敏感性分析结果

好的表征雷达等电子信息系统复杂电磁环境效应及干扰等电磁环境,基于贝叶斯网络构建效应机理推理模型,推理结果完全符合领域认知,验证了该方法的有效性。

参考文献

［1］ 韦来生,张伟平. 贝叶斯分析[M]. 合肥:中国科学技术大学出版社,2015.

［2］ 李硕豪,张军. 贝叶斯网络结构学习综述[J]. 计算机应用研究,2015,32(3):641-646.

［3］ BROOM B M, DO K A, SUBRAMANIAN D. Model averaging strategies for structure learning in Bayesian networks with limited data [J]. BMC Bioinformatics, 2012, 13(S13):10.

［4］ HUANG Shuai, L. I Jing, YE Jie-ping, et al. A sparse structure learning algorithm for Gaussian Bayesian network identification from high dimensional data [J]. IEEE Trans on Pattern Analysis and Machine Intelligence, 2013, 35(6):1328-1342.

［5］ GENG Zhi, WANG Chi, ZHAO Qiang. Decomposition of search forv-structures in DAGs[J]. Journal of Multivariate Analysis,2005,96(2):282-294.

［6］ PELLET J P, ELISSEEFF A. Using Markov blankets for causal structure learning [J]. Journal of Machine Learning Research , 2008 ,9:1295-1342.

［7］ 马明. 贝叶斯网络算法研究及应用[D]. 秦皇岛:燕山大学,2014.

［8］ 俞奎,王浩,吴信东,等. 贝叶斯网络的并行 EM 学习算法[J]. 模式识别与人工智能, 2008, 21(5):670-676.

［9］ 任佳,高晓光,茹伟. 数据缺失的小样本条件下 BN 参数学习[J]. 系统工程理论与实践, 2011, 31(1):172-177.

［10］ 肖光年,隽志才,张春勒. 基于贝叶斯网络和 GPS 轨迹数据出行的出行方式识别[J]. 统计与决策, 2017(6):75-79.

［11］ 张品,董为浩,高大冬. 一种优化的贝叶斯估计董传感器数据融合方法[J]. 传感技术学报,2014(5):643-648.

［12］ Pearl J F. Propagation and structuring in belief networks[J]. Artificial Intelligence,1986, 29 (3):241-288.

［13］ Diez F J. Local conditioning in Bayesian networks[R]. Cognitive Systems laboratory, Department of Computer Science, UCLA,1992.

［14］ Shachter R D, Anderson S K, Szolovits P. Global conditioning for probabilistic inference in belief networks [C]// Proceedings of the Uncertainty in AI Conference 1994, San Francisco. CA: Morgan Kaufmann, 1994:514-522.

［15］ Lauritzen S L, Spiegelhaher D J. Local computations with probabilities on graphical structures and their applications to expert systems[J]. Proceedings of the Royal Statistical Society, 1988, B(50):154-227.

［16］Sbachter R D, D'Ambrosio B, DelFavero B n Symbolic probabilistic inference in belief networks ［C］. Boston:Proceedings of the Eighth National Conference on Artificial Intelligence,1990.

［17］Shaehter R. Evidence absorption and propagation through evidence reversals［J］. Uncertainty in Artificial Intelligence,1990(5):173-190.

［18］Henrion M. Propagating uncertainty in Bayesian networks by probabilities Logic sampling［J］. Uncertainty in Artificial Intelligence, 1988(2):149-163.

［19］Henrion M. Search-based methods to bound diagnostic probabilities in very large belief nets ［C］. Proceedings of Seventh Conference on Uncertainty in Artificial Intelligence, 1991.

［20］吴顺君,梅晓春. 雷达信号处理与数据处理技术［M］. 北京:电子工业出版社,2008.

［21］Li Tingpeng, Wang Zelong, Liu Jiying. Evaluation method for impact of jamming on radar based on expert knowledge and data mining［J］. IET Radar Sonar and Navigation, 2022, 14(9): 1441-1450.

［22］Li Tingpeng, Wang Zelong, Liu Jiying. Evaluation effect of blanket jamming on radar via robust time-frequency analysis and peak to average power ratio［J］. IEEE Access, 2020(8): 214504-214579.

［23］Li Tingpeng, Wang Manxi, Peng Danhua,et al. Identification of jamming factors in electronic information system based on deep learning［C］// 2018 IEEE International Conference on Communication Technology Proceedings, ICCT 2018. V2019, 1426-1430.

［24］Zelong Wang , Tingpeng Li, and Jiying Liu. Radar jamming effect analysis based on bayesian inference network with adaptive clustering［J］. IEEE Sensors Journal, 2020. 21(13): 15153-15160.

［25］汪连栋,王满喜,李永成. 复杂电磁环境效应概论［M］. 北京:电子工业出版社,2021.

［26］汪连栋,申绪涧,韩慧. 复杂电磁环境概论［M］. 北京:国防工业出版社,2015.

［27］汪连栋,曾勇虎,申绪涧. 电子信息系统复杂电磁环境效应研究路线图 V1.0［M］. 北京:国防工业出版社,2013.

［28］李永祯,申绪涧,汪连栋,等. 基于辅天线的有源假目标欺骗干扰的极化识别［J］. 信号处理,2008,24(1):24-27.

［29］毕金亮.雷达有源欺骗干扰高效识别算法研究［D］.成都:电子科技大学,2013.

［30］檀鹏超.雷达有源欺骗干扰多维特征提取与识别技术研究［D］.成都:电子科技大学,2016.

［31］郝万兵,马若飞,洪伟.基于时频特征提取的雷达有源干扰识别［J］.火控雷达技术,2017,46(4):11-15

［32］周志文,黄高明,高俊,等. 一种深度学习的雷达辐射源识别算法［J］. 西安电子科技大学学报,2018(3):77-81.

［33］TIAN X,TANG B. Spectrum texture features based radar deception jamming recognition using joint frequency slow time processing［J］. Journal of Computational Information Systems,2013,9(13):5181-5188.

［34］肖晶,王虹,李跃华,等. 拖曳式雷达诱饵目标识别技术［J］. 电讯技术,2017,57(2):180-185.

［35］张树奎,肖英杰,苏文明. 航道内实时船舶交通流航行风险主动评估［J］. 重庆交通大学学报(自然科学版),2016:151-155.

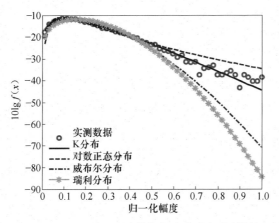

图 2-18 IPIX 雷达杂波数据幅度分布拟合效果图

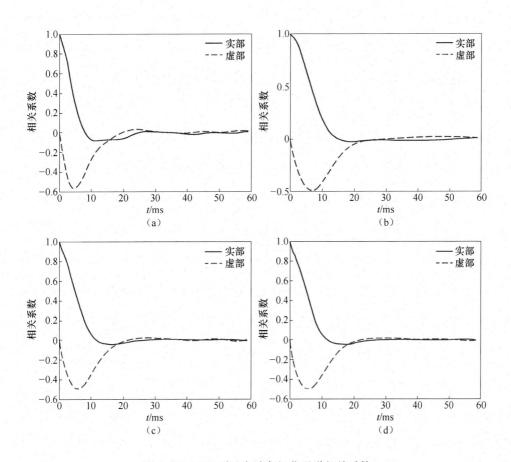

图 2-19 IPIX 雷达杂波各极化通道相关系数
(a)HH 通道;(b)VV 通道;(c)HV 通道;(d)VH 通道。

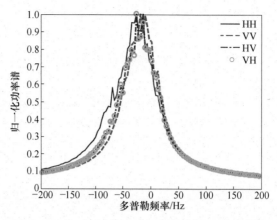

图 2-20　IPIX 雷达各极化通道的杂波功率谱密度

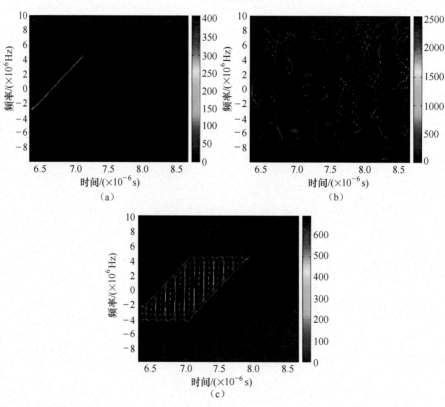

图 3-15　测试信号的时频图

(a)信号 A;(b)信号 B;(c)信号 C。

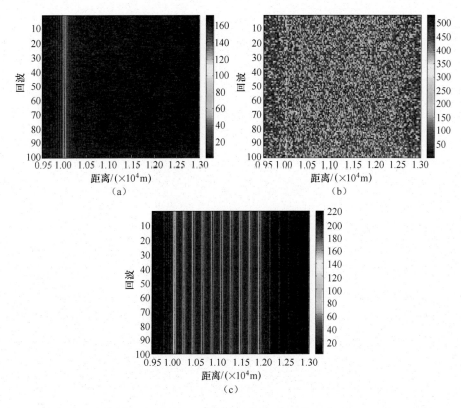

图 3-17　匹配滤波后的样本数据

（a）True；（b）RF；（c）RD

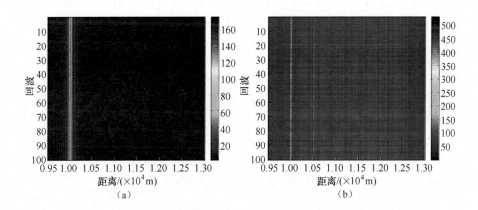

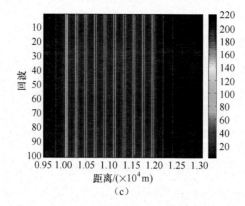

(c)

图 3-18 经过 RPCA 后的结果
(a)True-RPCA;(b)RF-RPCA;(c)RD9-RPCA

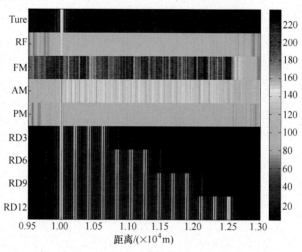

图 3-19 样本数据的特征向量

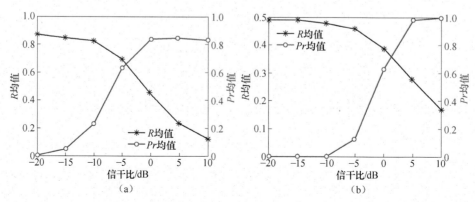

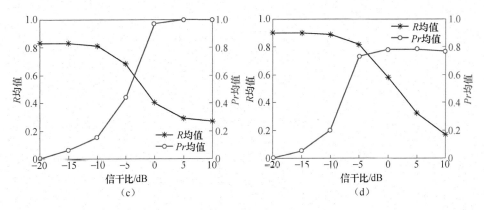

图 3-20　不同信干比下干扰表征指标与 CFAR 检测概率曲线

（a）RF；（b）FM；（c）AM；（d）PM。

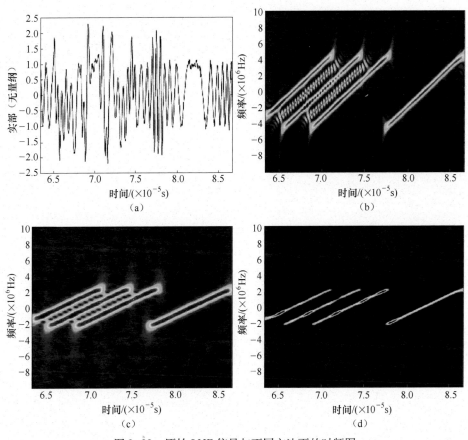

图 3-23　原始 LMF 信号与不同方法下的时频图

（a）回波；（b）SPWV；（c）STFT；（d）RTFA。

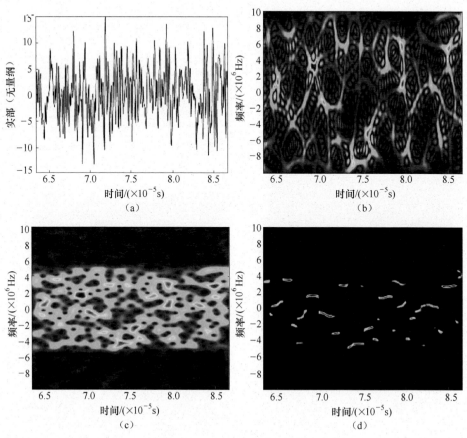

图 3-24 射频干扰下信号与不同方法下的时频图

(a) Echo; (b) SPWV; (c) STFT; (d) RTFA。

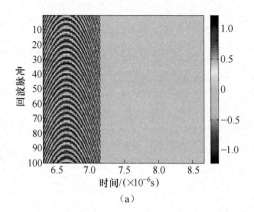

（a）

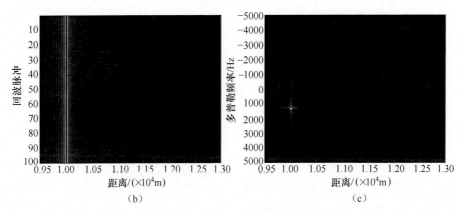

（b）   （c）

图 3-26 无干扰时雷达处理结果

（a）原始回波；（b）匹配滤波结果；（c）MTD 结果。

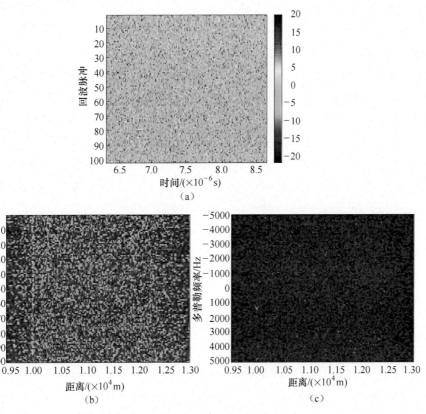

（a）

（b）   （c）

图 3-27 存在干扰时雷达处理结果

（a）原始回波；（b）匹配滤波结果；（c）MTD 结果。

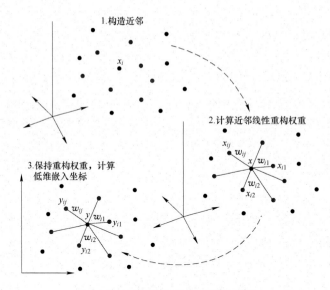

图 4-2　LLE 算法降维过程示意图

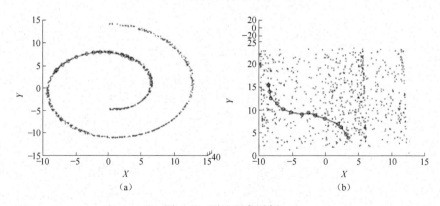

图 4-3　测地距离示例

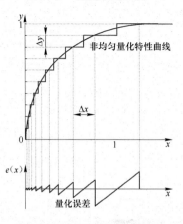

图 4-8　非均匀量化特性曲线及量化误差示意图

彩 8